京都文具大全

KYOTO STATIONERY BOOK

佐藤 紅 編著

光村推古書院

と、私も前々から考えていた。

KYOTO STATIONERY BOOK

First Edition July 2016
by Mitsumura Suiko Shoin Publishing Co.,Ltd.
217-2 Hashiura-cho Horikawa Sanjo
Nakagyo-ku, Kyoto 604-8257 Japan

Author: SATO Kurenai
Designer: MATSUDA Satoko
Printing Program Director: NAKAMURA Masumi
Printing Director: HAMAOKA Kenji, HASHI Takayuki
Publisher: ASANO Yasuhiro

©SATO Kurenai　Printed in Japan

All rights reserved. No Part of this publication may be reproduced or used in any form or by any means, graphic, electronic, or mechanical, including photocopying, recording, taping, or information storage and retrieval systems, without written permission of the publisher.

ISBN978-4-8381-0534-2

銀河ステーションで、もらったんだ。君はもらはなかったの。(宮澤賢治「銀河鉄道の夜」より)

サウイフモノニ　ワタシハ　ナリタイ (宮澤賢治「雨ニモマケズ」より)

クラムボンはかぷかぷわらったよ。(宮澤賢治「やまなし」より)

壺のなかのクリームを顔や手足にすっかり塗ってください。(宮澤賢治「注文の多い料理店」より)

あらっ。何だってあたしし赤に黒のぶちなんていやだわ。(宮澤賢治「まなづるとダァリヤ」より)

左頁：上から、三澤水希、りてん堂、文學堂
右頁：ガラス工房 焱

KYOTO STATIONERY BOOK

左から、
1段目：京都インバン、BOX&NEEDLE、第一紙行、十八番屋 花花、京かえら、メスダ ヌ キヤド、王冠化学工業所、Beahouse
2段目：京東都、ROKKAKU、福井朝日堂、kitekite
3段目：Beahouse、本のアトリエAMU、辻徳、裏具、第一紙行、平岩、尚雅堂、うんとこスタジオ、尚雅堂
4段目：椿-tsubaki labo-kyoto、たにざわ、たにざわ、イドラ
5段目：BOX&NEEDLE、ウラグノ、＊字路雑貨店、楽紙舘、香雪軒、Beahouse、辻徳、翠草堂、上羽繪惣

古から受け継がれてきた文化の中で育まれてきた京の文具

筆をはじめとする文房四宝、木版画、文箱……

かざる　はる

きる

つつむ　いれる

伝統の美を今に伝え、手紙に文香、ぽち袋、時に折紙に、時にインテリアにと

現代の文具として自在に変容を続ける奥深い京文具の世界にご案内します

contents

1. したためる

letter paper	10
one-stroke paper	20
greeting card	30
celebration card	34
mini card	38
post card	40
writing item	50
stamp	56

2. かきとめる

memo note	62
ring note	68
notebook	72
shuin-cho	84
schedule book	90
telephone book	93
writing item	94

3. たずさえる

perfumed insert	98
envelope	102
stationery for play	118
origami	120
name card	122

4. ととのえる

album	128
file	129
box	134
case	140
pen case	142
card case	144
stamp case	148
desktop item	150
calendar	152
wrapping item	156
seal	158
masking tape	164
fusen	166
bookmark	168
clip & cutting goods	172
book jacket	174

5. たしなむ

paper goods	180
kaishi	182
paperweight	186
writing item	188
drawing item	191

INDEX & MAP ……… 197

＊本書に記載の情報は2016年4月現在のものであり、現在は変更になっている場合があります。
＊価格は税別価格を記載しています。（販売している店舗等の諸事情により、税込表記している場合があります。その場合は価格に税込と記しています。

左頁上：BOX&NEEDLE
左下：KIRA KARACHO、BOX&NEEDLE、Ileno
背景：尚雅堂

左頁：紙匠ぱぴえの一筆箋(24・25頁)より　右頁：和詩倶楽部

1.
したためる

letter paper

便箋　鳩居堂

寛文3年(1663)に薬種商として創業、お香や書道用品で知られてきた[鳩居堂]は、洗練された和文具を多数生み出し、若い人たちにも人気を博している。時候の挨拶や書き出しの文などの基本的な解説が付けられた「手紙がすぐ書ける便箋」は、手紙をしたためることへのハードルを低くしてくれそう。和紙の風合いが豊かな便箋も、墨の文字とのコントラストでしゃれた味わいを醸し出してくれる赤い罫線の「朱雀」や、表紙のデザインもモダンな「白扇」など、様々な罫線や行数、色や形のものがずらり。毛筆でもペンでもにじみにくくすらすらとしたためることができ、思わず筆をとりたくなるような逸品ぞろい。名前を入れてもらってオリジナルの便箋を作ることもできる。手紙がすぐ書ける便箋650円、朱雀(赤)15枚綴600円、白扇50枚綴450円

郵送扇　宮脇賣扇庵

文政6年(1823)創業の京扇子の老舗ならではの風流な文具。扇を開いて文を綴って折りたたみ、120円切手を貼ってそのまま投函することができる。扇子に和歌をしたためて贈った平安の雅さながらに思いを伝えてくれそう。1000円

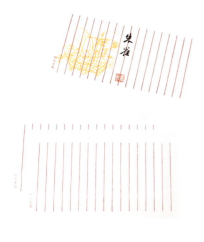

便箋　紙司 柿本

弘化2年(1845)に創業し、その後、長い歴史を誇る老舗の紙屋[紙司柿本]。手漉き和紙で作られた「オリジナル手染め便箋」は顔彩と胡粉を用いて作家の手により1枚1枚染められ、季節折々の花がそれぞれに魅力的に描かれている。伝統的な素材ならではの繊細な描画のきらめきとぬくもりある和紙の風合いがあいまって芸術品さながらの美しさを放ち、その気品に思わず溜息。名前を入れてもらうこともでき、店内には、同シリーズのひとこと箋や茶花グリーティングカード(39頁)、京都の手漉き和紙の産地・黒谷で職人の手により伝統的技法で作られた黒谷和紙など様々な文具や紙もそろう。「幸運の朱馬箋」は弘法大師が自ら筆をとって絵馬占いをしたのがはじまりという朱馬があしらわれ、その姿を見ると邪気が払われ、金運・家運・勝運を招くといわれていて縁起のよい便箋。「東寺のみほとけ箋」は、ほかに金剛宝菩薩・梵天・兜跋毘沙門天・大日如来がそろう。オリジナル手染め便箋　便箋10枚・封筒5枚入2500円、名入れ3500円、東寺のみほとけ箋　帝釈天 各 便箋20枚・封筒10枚入1200円、幸運の朱馬箋　下敷付20枚入600円

福助便箋、なんてん便箋
山崎書店

昭和54年(1979)に創業した、美術書・美術雑誌・資料や版画などの専門店[山崎書店]には、価値ある古書がそろい、2階のギャラリー「京都パラダイス」では昔のぽち袋や千社札などの展覧会も開催している。店のシンボルマークである福助の絵があしらわれた便箋も手作りしていて、お辞儀する福助が愛らしい。他に、難を転じる「なんてん便箋」や、長年京都で活躍した木版画作家トゥーラ・モイラネンとコラボレーションした風呂敷や鞄もおしゃれ。各350円

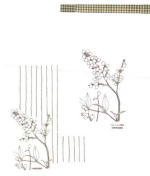

箔レターセット　COS KYOTO

日本の素材や伝統的技術を用い、京都が培ってきた感性で「濾す(COS)」ことによって、新たに現代に合うデザイン性高い品を生み出しているCOS KYOTO。西陣織で用いられる「引箔」で作られた荘厳な趣に満ちたレターセットは、和紙に漆を塗った上に金箔や銀箔が貼り付けられていて、独特の幻想的な表情が醸し出される。20行の罫線が引かれた便箋も使いやすく、改まった席や特別な気持ちを伝える手紙や特別な日のお祝いに最適。封筒2枚・便箋8枚入8424円(税込)

したためる

コロタイプ レターセット
魯山人GONOMI
美術はがきギャラリー 京都 便利堂

明治20年創業以来、美術印刷・出版に携わってきた［便利堂］では、コロタイプ印刷等によって作品を忠実に再現してきた。4代目が経営していた料亭「星岡茶寮」の開設90周年にあたり、顧問・料理長であった芸術家、北大路魯山人が自ら描いた絵をあしらったシリーズを新発売。洒脱な描写が実物さながらに迫ってきて、風雅な趣が漂ってくる。「春花・かえる」便箋2柄各4枚・封筒2柄各2枚タトウ入 1500円

レターセット　嵩山堂はし本

書道用具専門店として創業し、今や便箋やはがきなど和文具の名店として知られる［嵩山堂はし本］。現代の暮らしに合わせて生み出される文具の数々は若い人たちにも愛され、季節感にあふれた和の文具のすばらしさを今に伝えてくれる。中でも人気の高いレターセットは、季節折々にあしらわれる風物のモチーフが楽しい。揺れ動くかのように収められている型ぬき切り絵は差し上げる方の目も和ませてくれ、手紙に貼ったり封をするのに使ったりと様々な使い方を楽しむことができる。「つきあかり」「小倉山」「こな雪」便箋10枚・封筒5枚・型ぬき10枚入1800円

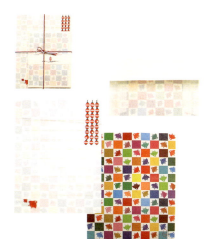

みこと箋、徒然箋、ふたこと箋　和詩倶楽部

昭和45年(1970)に和紙卸商として創業し、料理店や菓子店で使われる和紙製品や和紙を使った工芸品を手がけてきた［和詩倶楽部］では小売店も開店。伝統に根ざしたモダンな和の意匠が若い人たちに人気を呼んでいる。B6サイズの便箋は、「此れから佳くなる」をテーマとした「京モノ」の吉兆柄が昔ながらの行灯のように紙を通して透かされるさまが雅やかで、お祝いの手紙にもふさわしい。白龍神に生まれ変わる兎の前向きな思いや、古来縁起のよい鶴梅のご縁にあやかって気持ちも届きそう。みこと箋 便箋10枚・封筒4枚入800円・見本セット1部、徒然箋 便箋20枚・封筒5枚入1100円、ふたこと箋 便箋9枚・封筒3枚入500円・見本セット1部

レターセット　ROKKAKU

[サクライカード]が手がけるペーパーアイテムショップ[ROKKAKU]には、箔などの加工や金銀のきらめきが瀟洒で、愛らしさと気品を兼ね備えた文具がそろう。和紙に配された朱や金の箔が鮮やかな「とり」のレターセットは、封筒にもとまっている小鳥などがアクセントになっていて、封をするときや開くときに笑みがこぼれそう。京都らしい碁盤の目を生かして枡目とし、略地図のように京都の名所を箔押しした便箋も斬新。ほかに、五色豆や鴨川の飛び石を表現したものもある。左から、きょうと罫線レター　レター5枚・封筒5枚入972円、A5レターセット　とり　レター6枚・封筒3枚入648円、ミニレターセット　ちょうちょ410円、豆千代972円（税込）

オリジナルレターセット
THE WRITING SHOP

京都にはめずらしく、ヨーロッパの手漉き紙やカードなどのステーショナリーに出会える貴重なお店[THE WRITING SHOP]。スペインの工房で手すきされた紙を用い、[THE WRITING SHOP]の活版印刷機で印刷したオリジナルレターセットは、昔ながらの活版の味わいと上質な紙の風合いがあいまって、レトロな雰囲気を醸し出している。トリノの店で作られる万年筆等も注文できる。セット2500円

ベルギーアンティークレースの便箋
かみ添

[かみ添]では様々な版木を用いて型押しの古典印刷技術で手摺りした紙を作り、トルコなどのエキゾチックな文様と日本の伝統的技術との調和美が文具に独特の気品を漂わせている。西洋アンティークや陶芸作家の器を扱う[昂-KYOTO-]の永松仁美さんとのコラボレーションによる文具も並び、これはアンティークレースの文様を版におこして作られたもの。ふんわりとした紙にうっすらと浮かび上がる景色が繊細で、使うのがもったいないほど。西陣の町家を改装した店内の壁にも型押しされた紙が用いられて静謐な空間を作り上げ、襖紙や壁紙、封筒やぽち袋も手がけている。3枚入2000円

したためる

若冲画 便封セット　京都版画館 版元 まつ九

京都の版画家として知られる徳力富吉郎が起こした［京都版画館 版元 まつ九］では京版画の伝統を守り続け、京都の錦小路の青物問屋に生まれた日本画家・伊藤若冲の拓版画をもとにした文具も制作。独自の画風で名高い若冲の世界が新たな色彩によって現代の生活の中に鮮やかに蘇る。庚申薔薇 便箋10枚・封筒3枚・罫線下敷1枚入1200円

ふんわり封筒　鈴木松風堂

明治26年(1893)に創業した紙加工の老舗［鈴木松風堂］には、京都ならではの紙製品が並び、京友禅の技法を和紙に応用し、1枚ずつ手染めされた型染め紙を用いた文具も豊富。この便箋は京町家を想わせる柄がモダンに表現され、封筒から透かして見ると障子のような和の美しさを醸し出す。封筒・型染め紙・宛名シール各1枚、便箋3枚入400円

便箋　裏具

デザイン事務所［goodman inc.］が手がける［裏具］には、「嬉(うら)ぐ」意をもつ店名の通り、うれしい気持ちを表し伝えるにふさわしい上品な文具がそろう。それらは京都らしい粋な発想と芸術作品のような魅力を兼ね備え人気を博していて、便箋も昔ながらの文具をモダンにアレンジ。光にかざすと罫線や柄が見える透かし便箋は、洒脱な趣を醸し出し、巻紙の便箋も、長文や改まった文をしたためるときに重宝する。ほかに瓢箪などの柄もあり、お祝いのお手紙にも最適。左から、透かし便箋　便箋20枚入・封筒5枚入1500円、巻き箋　便箋・封筒各1枚入580円

cozyca productsレターセット　紙匠ぱぴえ

昭和8年(1933)に創業以来、京都の技術に培われた文具を手がけてきた和文具メーカー[表現社]のショップ[紙匠ぱぴえ]には、多様な分野の文具がひしめく。「cozyca products」の品々は、人気の作家の作品をあしらった文具がずらり。若い女性作家たちとコラボレイトした品を発表するブランドとして始まり、今は『それいゆ』創刊70周年を迎えた中原淳一の文具も作られている。「卓上のサーカス」をテーマに絵画やグラスを製作し、京都の「Subikiawa食器店・本店コビト会議」も人気のSubikiawa.がデザインしたレターセットは、蛍光色を使った印刷が美しく、紙上のサーカスのような不思議な絵画に心が浮き立つ。中原淳一レターセット「愉しい果実」などもSubikiawa.によるデザイン。Subikiawa.レターセット「シトロン」「コトリ」便箋12枚・封筒4枚入 各400円、中原淳一レターセット「愉しい果実」便箋2柄 各6枚・封筒4枚入450円

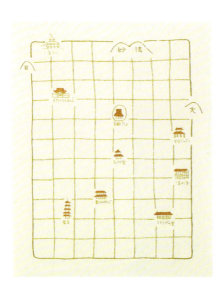

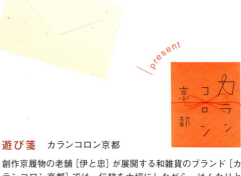

present

遊び箋　カランコロン京都

創作京履物の老舗[伊と忠]が展開する和雑貨のブランド[カランコロン京都]では、伝統を大切にしながら、はんなりとした京情緒をモダンに表現した雑貨がそろい、若い人たちにも人気を博している。風合いある紙に京都の街を表現し、枡目や名所の絵に手描きの素朴な雰囲気があふれている。碁盤の目を原稿用紙のように使うことができて、どのようにしたためるか考えるのも楽しい。便箋1枚・封筒1枚300円

したためる

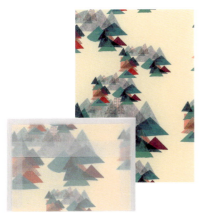

レターセット　プティ・タ・プティ

テキスタイル・プリンティングディレクターの奥田正広さんと、イラストや文筆で活躍中のナカムラユキさんによるテキスタイルブランド［プティ・タ・プティ］。フランスのことわざ「鳥は、少しずつ巣をつくる」から名づけられ、京都とフランスの香りの融合を感じさせるおしゃれな文具も並ぶ。テキスタイル「レ・モンターニュ」（山並み）のもとになっているナカムラユキさんのコラージュ作品は、昭和30年代後半のガリ版刷りの原稿用紙、パリの市場の包み紙などの紙の連なりによって、京都の山並みと鴨川の流れを表現。トレーシングペーパーの封筒から映し出される透き通った山々が美しく、アドレスシールもついていて、海外のおしゃれな文具を想わせる。サンレイドという紙を使った便箋も優しい手触りで発色もよく、万年筆ですらすらとしたためることができる。便箋10枚・封筒5枚・アドレスシール10枚入1500円

文香レターセット　ギャラリー遊形

全国に名高い老舗旅館［俵屋］で使われているアメニティを購入することができる［ギャラリー遊形］。旅館の客室にもレターセットが添えられていて、俵屋当主の考案した文具からも独自の感性が伝わってくる。文香のセット（101頁）の中の文香が組み合わされたレターセットは、封をあけるとほんのりと雅やかな香りが漂う。上質の紙で丁寧に作られた色ふちの封筒の端正美と素朴な意匠の文香が絶妙に調和し、本格派ながらにぬくもりも感じられる佳品。便箋2枚・封筒1枚・文香1個入270円

loule 六曜社びんせん　恵文社一乗寺店

「本にまつわるあれこれのセレクトショップ」である[恵文社一乗寺店]には、京都の作家による文具もそろう。甲斐みのりさんが主宰する[loule]は乙女心をくすぐる文具が作られていて、おいしいドーナツで人気のレトロ喫茶店[六曜社]とのコラボレーションによる紙製品も制作。老舗喫茶店の雰囲気が便箋からも伝わってきて、京都の喫茶店やドーナツが好きな方に喜ばれそう。20枚（2柄各10枚）500円

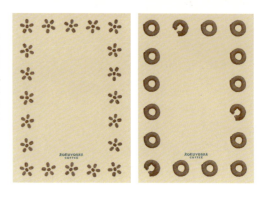

めがねくまレターセット　柚子星堂

デザイン事務所[Log design]では文具等を制作する[柚子星堂]も展開。1つ1つ丁寧に作られたレターセットは手作りの温もりが感じられ、めがねくまのオリジナルイラストも愛らしさを添えている。フールス紙が使われていて、書き心地も抜群。他に、落下星の絵柄の和紙封筒や、舞妓さんの絵をあしらった箱やポストカードも制作している。便箋6枚・封筒3枚・シール3枚入500円

一筆和便箋セット　竹笹堂

京版画の技術を120余年受け継いできた[竹中木版]が展開する[竹笹堂]では、和紙にモダンなデザインを木版摺りした便箋と風合い豊かな封筒が作られている。職人が1枚1枚、手摺りした木版画のぬくもりと、平安時代には歌がしたためられたという料紙の繊細さがあいまって雅やかな気分に浸ることができそう。封筒つきの上質な一筆箋は、お礼やお返しに少し言葉を添えたいときに重宝。便箋7枚・封筒3枚・罫線下敷き1枚入「都桜」1500円

したためる

レターセット（京都01）　京都中央郵便局

JR京都駅すぐに位置し、京都タワーのある場所に昔はあったという［京都中央郵便局］。オリジナルの文具が発売され、かわいいイラストによって雅やかな京都の景物が描かれた便箋やポストカード（47頁）、マスキングテープ（164頁）が評判を呼んでいる。イラストと同じ封緘シールもついていて、舞妓さんや和小物が愛らしく配された小さめの便箋セットは、旅の便りをしたためて京都から送るのにぴったり。便箋8枚・封筒4枚・シール1シート入515円（税込）

レターセット　龍安寺

宝徳2年に創建された禅宗の名刹［龍安寺］は「古都京都の文化財」の一つとして世界遺産リストにも登録されている。石庭や「吾唯足知」の蹲踞でも知られ、その世界観が凝縮された文具も人気。枯山水の名庭として名高い方丈庭園の絵があしらわれたレターセットは、15個の石が配された小宇宙を紙上でも楽しむことができ、京都の風情を届けてくれる。便箋10枚・封筒5枚入1020円（税込）

レターセット　龍谷ミュージアム　ミュージアムカフェ・ショップ

龍谷大学の［龍谷ミュージアム］は、インドでの仏教の誕生から日本の仏教文化まで幅広く仏教を中心とした文化財を展示する仏教総合博物館。和小物で知られる［くろちく］が展開するミュージアムカフェ・ショップでは、雅やかな文具も並ぶ。所蔵品の部分図をあしらった便箋は表紙の彩色も美しく、使い終わった後も飾って鑑賞できるのがうれしい。便箋10枚・封筒5枚入400円

一筆パックレター　SOU・SOU

「新しい日本文化の創造」をコンセプトにオリジナルテキスタイルを作成している［SOU・SOU］。文具や玩具を手がける［学研ステイフル］とのコラボレーションによって、SOU・SOUのテキスタイルの文具も誕生。SOU・SOUのポップなデザインが和紙に印刷され、季節の花々や伝統的な柄がモダンに和文具を彩る。お礼の気持ちなどを送りたいときに重宝。新しい形の小箱箋や封筒、ぽち袋もそろう。一筆箋8枚・封筒4枚入　各419円

one-stroke paper

一筆箋　KIRA KARACHO

寛永元年(1624)より唯一続く唐紙屋［唐長］11代目の長女夫妻トトアキヒコ・千田愛子氏が手がけるブランド［KIRA KARACHO］。代々受け継がれた板木から生み出される文様の数々は、今見ても斬新な造形と由緒を兼ね備え、現代の文具へと昇華されている。優美な色で配されたモダンな文様をまとう一筆箋は、今の暮らしに即した調和美にもはっとさせられ、使うたびあたたかな気持ちにしてくれそう。縦型と横型があり、さらに縦型の「クラシック」シリーズは罫線があるものもそろい、現代の多様なシーンで使いやすい。色・文様の変更あり。各30枚綴756円(税込)

したためる

カレ・ド・パピエ 縁　KIRA KARACHO

「カレ・ド・パピエ縁」は、「角つなぎ」など縁起のよさとデザイン性の高さを兼ね備えた正方形の紙が10種5色ずつ収められている。優しい色合とモダンデザインをまといながら柔らかな光を放つ紙は、使うたびに気持ちを浄化してくれるかのよう。思わず溜息がこぼれるほど美しい雲母の仕上げは、手紙をしたためるほかインテリアとして飾っても美しく、折り畳んで箸袋や小さなぽち袋にしたり、懐紙やコースターに用いたり、変幻自在に生活シーンを豊かに装ってくれる。きらきらとゆらめく輝きや、見る角度によって表情を変える儚くも神々しい色の移ろいが堪能できる珠玉の一品。ほかに、四季をイメージする文様が10種5色ずつ入った「季」も趣深い。50枚(10種5色)箱入2592円(税込)

木版画一筆箋　シーグ社出版株式会社

京の一筆せん屋［シーグ社出版株式会社］は一筆箋の専門店。京都の様々な名所を描いた一筆箋や京都ゆかりの歴史的人物にちなんだ一筆箋など、ありとあらゆる一筆箋を手がけている。狩野探幽筆「百人一首画帖」から描いたものや、京都市立芸術大学名誉教授の日本画家・木下章さんによる天龍寺の曹源池、御所車（牛車のうち網代車）など幅広く様々な絵が鑑賞できる。表紙の裏にはそれぞれの絵の説明も書かれているから、京都の歴史の勉強にもなりそう。滋賀・長浜のポストカードや京舞妓の木版画クリアファイル等も新発売。御所車・紫式部・天龍寺 曹源池 各378円（税込）

一筆箋　芸艸堂

明治24年（1891）に木版摺技法による美術書出版社として創業、日本で唯一の手摺木版和装本を刊行する出版社［芸艸堂］。明治時代から図案集を出版し、数々の作品の復刻も手掛けてきた［芸艸堂］が展開する文具は、古のデザイナーの作品が身近に感じ取れてうれしい。『近代図案コレクション』の「蝶千種」より蝶の柄を用いた一筆箋は、はんなりとした色づかいと愛らしい蝶が見事に調和している。竹久夢二のひよこの絵があしらわれ温かみあふれる一筆箋は、相手に気持ちを伝えたり贈ったりするのにぴったり。各30枚綴400円

一六六ーOkime一筆箋　象彦

寛文元年から京漆器の伝統を受け継ぎ、社寺等でも用いられてきた老舗の漆器専門店が展開する文具シリーズは、まさに伝統的な蒔絵技法のデザインの進化形。［象彦］では、漆器に描かれる蒔絵の下絵となる、「置目（おきめ）」という薄紙に描かれたデザイン画を350年以上にわたって数多く受け継いできて、漆器でしか使われなかった置目が今、現代によみがえり、文具の上で新しい繊細美を見せてくれる。京春・京夏・京秋・京冬の4種があり、蒔絵ならではの楚々とした文様と、優しくも華やかな色彩との調和美が魅力。各500円

cozyca products 一筆箋
紙匠ぱぴえ

様々な和文具がそろう[紙匠ぱぴえ]では一筆箋も様々なものが並び、[表現社]の新しいプロダクトである、現代作家の絵を用いたものが目をひく(中紙の絵柄は9頁参照)。とりわけ、昭和初期の少女雑誌などの人気画家であり『それいゆ』の創刊でも名高い中原淳一の絵が身近に楽しめるのがうれしい。レトロな絵がぬくもりある和紙と調和し、卓上のサーカスをテーマに絵付けした食器を制作するSubikiawa.によって、女性のおしゃれなファッションが一筆箋に見事にデザインされている。左から、中原淳一「Pattern」、Subikiawa.「りぼん」、くらもとこ「乙女の祈り」、ユリコフ カワヒロ「こんにちは」(中紙の他の柄は8頁参照)各 4柄各5枚20枚綴350円

一筆箋 木版刷　鳩居堂

[鳩居堂]は、書道用品などの本格的な文具から親しみやすい文具まで幅広い品ぞろえ。擬人化されたような木版の動物たちの絵がほのぼのとしてかわいく、和紙の風合いと木版ならではの朴訥さがあいまって味わい深い雰囲気を醸し出している。同じ絵柄の便箋もそろう。各 一筆箋20枚・罫線下敷き1枚入600円

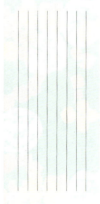

したためる

上野リチ 一筆箋
京都国立近代美術館ミュージアムショップ アールプリュ

数々の優れた展覧会を開催する他、日本画や洋画、染織等の名品も所蔵する［京都国立近代美術館］のミュージアムショップには、名画のポストカードやオリジナルグッズ等がずらりと並び、美術館ならではの文具も制作。中でも、京都市立美術大学（現・京都市立芸術大学）で指導し京都インターナショナルデザイン研究所を夫・伊三郎と共に設立した上野リチの絵をあしらった文具の美しさが目をひく。ウィーンで生まれた彼女の愛した植物や動物が華やかで繊細な描写で表現され、リックス文様と称されたプリント図案で知られる上野リチのデザインが華やかな一筆箋となり、文具の上で見事に調和。28枚綴351円

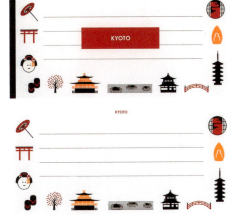

一筆箋（京都01）　京都中央郵便局

JR京都駅を降りてすぐの場所に位置する［京都中央郵便局］では、オリジナルグッズを発売。一筆箋には、京都の舞妓さんや社寺、仏像などの絵柄が散りばめられていて、赤を基調としたポップなイラストが目をひく。「京都中央郵便局限定商品」という切手型のシールもおしゃれ。20枚入411円（税込）

大人の一筆箋　Ileno

手製本ノート［Ileno］のノートは、手仕事によって1冊1冊丁寧に作られていて、ずっと残しておきたくなるような美しいノートへのこだわりや文具に対する愛情が伝わってくる。学者セットといった感のレトロなシリーズに、50年代のアメリカのようなファッションがおしゃれな、絵柄をあしらったシリーズ……試行錯誤を経ながら表出される錆びた味わいや紙の質感からも温かみが体感できる。とりわけめずらしいハードカバーの一筆箋は、手製本の技術をもつお店ならでは。ポケットサイズに作られているから、名刺の裏に用件を走り書きしなくてすむようになって身だしなみアップ。さらに、伝言を机上に残すときなどにもさっと取り出して使うことができてしゃれている。表紙は繰り返し使うことができるよう修復してもらうこともでき、一筆箋の便箋部分を取り換えてもらうこともできるので、長く使い続けたい。約72枚綴 各1482円

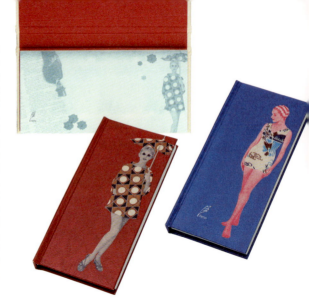

wrapping

薫り箋　薫玉堂

文禄3年（1594）に創業して以来、伝統を受け継いできたお香の老舗［薫玉堂］には、香りにまつわる様々な文具がそろい、香老舗ならではの、香る一筆箋も作られている。これは、ふみ香のかぐわしい香りが楚々とした佇まいの桐箱の中で広がり、ほのかな香りをまとった一筆箋と文香のセット。桐箱を開けた瞬間に天然の白檀香のさわやかな香りがふわりと漂い、使うたびに癒される。さらに美しく包まれた透明感あるグラシン紙には真っ白な心を贈る意が感じられ、改まった贈りものとしても喜ばれそう。一筆箋100枚・文香1包・桐箱入1200円

一筆箋　大覚寺

平安初期に嵯峨天皇の離宮として建立され嵯峨御所とも呼ばれ、弘法大師空海を宗祖とする［大覚寺］。授与品や土産品も充実していて、大覚寺の文化財を身近に感じることができる。一筆箋には、五大堂に安置されている彩色豊かな愛染明王像や四季花鳥図があしらわれ、愛染明王様がご縁をとりもってくれそう。ほかに、柳松図、野兎図、牡丹図、紅白梅図の一筆箋がそろう。25枚綴 各325円

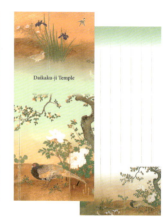

したためる

present

包装のこだわりも文具愛好家の心をくすぐる。同シリーズの手製本ノート(76頁)と組み合わせて研究職の方に贈るのも素敵。

一筆箋　妙蓮寺

永仁2年(1294)に日像聖人が創建した妙蓮寺は、日蓮大聖人の教えを京都に広めるにあたっての最初のお題目道場。本阿弥光悦の書などの寺宝が伝えられていて、秋にも咲く御会式桜でも知られる。重要文化財である長谷川等伯一派の襖絵が一筆箋にもあしらわれていて、貴重な寺宝などを身近で鑑賞できるのがうれしい。ほかに四季の花、四季の襖絵が描かれたものもある。四季の花・長谷川等伯の襖絵・幸野楳渓筆 四季の襖絵 3冊セット1000円、単品1冊350円(税込)

一筆箋 春の訪れ　嵩山堂はし本

昭和28年(1953)に創業、京都に本店を構える典雅文房 [嵩山堂はし本] には、京都らしい雅やかさと現代的な愛らしさを備えた和の文具がずらり。一筆箋も、とがのをうさぎの一筆箋や和綴箋等、多様なデザインと工夫が施され、さくらんぼ等、季節ごとに替わる季節折々の風物を描いたものもそろい、季節感にあふれている。10枚綴900円

一筆箋　廬山寺

[廬山寺] は、比叡山天台18世座主元三大師良源によって天慶年中(938〜947)に創建された寺院。桔梗の名所である源氏庭も名高く、節分会の鬼法楽でも知られる。源氏物語が執筆された紫式部邸宅址と伝わり、数種、授与されている一筆箋も雅やか。400円(税込)

27

TOFU、一筆束、一筆折、言守
ウラグノ・裏具

京都らしい文具が人気のお店［裏具］を手がけるデザイン事務所[goodman inc.]が新たに始めた［ウラグノ］では、文具の枠を超えた品も生み出されている。一筆箋も従来にない新しい形のものがそろい、蛇腹型や陶器入に続いてまるで豆腐のようなキューブが誕生。表紙に使われている厚紙は、間に異なる紙質のものが挟まれ、裏側に折り返すことができる。V字カットを施すことによって、さっと使う実用性と保護性を兼ね備え、それを可能にしたアイデアと職人の技術の高さに驚嘆。言守は、贈りものをさしあげる時に一言添えたい際に封筒いらずで包み込め、タグのように使うことができる。左から、TOFU390枚3900円、一筆束 福竹475枚陶器入4500円、一筆折 水瓢箪13枚800円、言守 松達わせ・竹之助280円

メッセージカード ひとひら花箋　竹笹堂

京版画の技術を120余年受け継いできた［竹中木版］が手がける［竹笹堂］では、木版画作品のほか木版画を用いた文具も人気を博している。寺院の供養などのときにまかれる蓮の花びらをかたどった「散華」を模したひとひら花箋は、ありそうでなかった形。「薄藍」は青い睡蓮の花、「薄紅」はピンクの蓮の花を表していて、日本古来の形を現代の文具に取り入れ高い木版技術の「ぼかし」の技法が用いられているところも興味深い。厚めの和紙に摺られた美しい色の濃淡が、極楽浄土を想わせるような幻想的な空気を醸し出す。各5枚入1200円

和菓子の一筆箋
とらや

室町時代の後期に京都で創業し、御所に菓子を納めてきた老舗の和菓子屋［とらや］ならではの一筆箋。受け継がれてきた菓子見本帳に描かれている10種類の菓子の絵があしらわれていて、はんなりとした色彩も雅やか。春夏用と秋冬用の一筆箋を通して季節の菓子を知り、菓子を通じて季節感を届けることができる。
各20枚綴540円（税込）

したためる

蔵書票、伝ゑ候　りてん堂

活版印刷機とずらりと並ぶ文字が壮観な[りてん堂]。活版印刷機チャンドラーで1枚ずつ丁寧に手差しして刷られていて、活字を1文字ずつひろって印刷用の版を作る昔ながらの職人技と秀逸なグラフィックデザインが合わさったユニークな文具も制作。文字が添えられた一筆箋は、言葉の感性が活版の文字を通してより伝わってきて、職場での伝言にもあたたかい気持ちが感じられそう。蔵書票は、自分の名前を入れて印刷してもらうことができる。左から、蔵書票(サンプル)、伝ゑ候 12枚入300円・72枚入1200円、シークレット伝ゑ候 6枚入300円

小箱箋　SOU・SOU

ポップな和装や和小物が人気の[SOU・SOU]のテキスタイルデザインが[学研ステイフル]とのコラボレーションによって文具に。SOU・SOUが生み出す季節折々の風物のデザインが箱や紙上でも味わえる。SOU・SOUのぽち袋にちょうど入るサイズになっていて、ちょっとしたお祝いにメッセージを添えるのにぴったり。ひとことふたこと伝えたいときに役立ちそう。金平糖・ひなたぼっこ ひとこと箋30枚入 各680円

greeting card

グリーティングカード 南蛮七宝
KIRA KARACHO

江戸時代から[唐長]に伝わる「南蛮七宝」は、連なる文様で縁起がよく、幸せな気持ちやお祝いの気持ちを伝えるのにふさわしい。モダンな文様がゴールドや雲母の輝きをまとって、さらに魅力を放っている。[KIRA KARACHO]のロゴのエンボス加工が施された封筒も厳かな表情。ほかの文様のグリーティングカードもある。仕様は変更あり。グリーティングカード 南蛮七宝10枚・封筒10枚・箱入 4320円(税込)

present

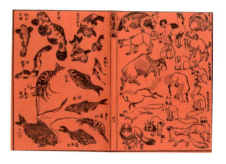

木版手摺ご挨拶状　セレクトショップ 京

ハイアット リージェンシー京都の一角にある[セレクトショップ京]には、京都をはじめとしたモダンな和の逸品がそろい、作り手やお店とのコラボレーションによるプロジェクトや『京』別誂の品々にも目を見張る。日本唯一の手摺木版和装本の出版社である老舗[芸艸堂]で手摺りされたご挨拶状は、木版本『北斎漫画』と『蕙斎略画』の版木から作られたもの。和紙の風合いと深みのある色味は、昔の木版本のストーリーに思いをめぐらせることができて、贈る相手を楽しい気分にしてくれそう。北斎漫画1枚1柄 計4柄・蕙斎略画1枚2柄 計4柄(無地中紙・白封筒付き)各800円

季節の木版画、グリーティングカード　竹笹堂

[竹中木版]が展開する[竹笹堂]の文具は、原田裕子さんによる現代的な愛らしい柄も多く見られ、1色ごとに手摺りされた木版摺りの素朴な風合い。グリーティングカードは、2つ折の厚めの和紙に木版画が貼られているので、立てて飾ることができるのがうれしい。京版画の技術を120余年受け継いできた[竹中木版]による木版画作品を身近に使うことができて、そのあとは美術品として鑑賞できるという優れもの。左から、2000円、カード1枚・封筒1枚入1200円

したためる

源氏かおり抄 若菜上 桜
香老舗 松栄堂

宝永2年に創業して以来、お香を作り続けてきた老舗［香老舗 松栄堂］。お香にまつわる和小物のデザインも洗練されていて、香りが楽しめる文具も並ぶ。源氏物語の各帖にちなんだこのシリーズの「若菜上」は、開いたときにはっとさせられる美しい切り絵のカードと、一筆箋や香りのしおりの組み合わせが雅やかで、心づかいにあふれた逸品。若菜上 桜 栞型匂い袋 ふみか楚々1枚・切り絵カード1枚・封筒1枚・一筆箋2枚入 700円

wrapping

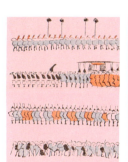

KIMONO Card　西村吉象堂

［西村吉象堂］は大正13年（1924）の創業以来、漆器や工芸品を扱ってきた老舗だが、ギャラリー吉象堂も併設され、和の伝統を感じさせる文具も並ぶ。古布をあしらい、京都らしい着物の形に切り抜いたカードは和の情緒を届けてくれ、おみやげにも喜ばれそう。各2つ折カード・封筒1枚入500円

香便り、俵屋好み 二つ折りカード
ギャラリー遊形

老舗旅館[俵屋]が手がける[ギャラリー遊形]では、俵屋当主の発案による逸品がそろう。旅館で実際に使われていて、モダンなデザインと機能性を兼ね備えたあこがれの生活用品を買うことができる。毎年、干支にちなんで作られる香便りは俵屋オリジナルに調合したお香が中に入っており、封を開けるとかぐわしい香りがほのかに漂って趣深い。唐紙の老舗[唐長]で俵屋好みに作られた唐紙のカードは、格調高いデザインと和紙のあたたかな風合いが絶妙に調和し、モダンな日本の伝統美を感じさせてくれる。カード1枚・封筒1枚入850円、カード1枚・封筒1枚入600円

カード(文香入) 山田松香木店

明和年間(1764〜1772)に創業し香木を専門に扱ってきた老舗の[山田松香木店]。香りのお店ならではの雅やかな文具も並び、王朝文化を想わせる美しい姫君や童子が描かれたカードにも文香がそえられ、封をあけると高貴な香りが漂う。日本の香り文化に親しんでもらうため聞香等の体験や香りのオーダーメイド「お誂え香房」も開催。カード・文香・封筒 各1枚500円

カードセット 箔押カード、Cafe(活版印刷) ROKKAKU

紙製品を製作してきた[サクライカード]が展開する[ROKKAKU]では、職人の手によって1つ1つ施された箔押しや活版印刷を用いて、愛らしさと上質さを兼ね備えた文具を生み出している。コーヒータイムを想わせるようなカードは、活版印刷の手触りや風合いとあいまってあたたかな雰囲気。六角通に面するお店の名前と同じく六角のカードも充実していて、京あめやちどりといった京都らしい柄も愛らしく、折り紙の柄の鮮やかな発色も目をひく。左から、各 六角形カード カード・封筒1枚・宛名シール1枚入464円、カードセットCafe カード1枚・封筒1枚378円(税込)

ちりめん古布カード　紙匠ぱぴえ

昭和8年(1933)に創業し、京都らしい文具を手がけてきた和文具メーカー[表現社]のショップ[紙匠ぱぴえ]には、ちりめん古布をあしらった華やかなカードのシリーズも並ぶ。立体的な着物型の古布や愛らしい柄の和ボタンが付いているかのようなカードは、昔ながらの柄が新たな表情を見せてくれてインテリアに使ってもおしゃれ。着物の形をかたどった雅やかなカード等もそろう。カード1枚・封筒入350円

メッセージカード　きゃろっとたうん

出町桝形商店街脇にオープンしたハンドメイド雑貨店[きゃろっとたうん]には、手作り作家による作品がところせましと並び、ポップで楽しい雰囲気にあふれている。店長の猪俣愛美さん自身も編み物やアクセサリー等の作品を制作。京都在住の作家が手作りした文具もあり、kotohana*akiraさんによるクイリングペーパーでできたカードは楚々とした表情を醸し出している。800円〜

カード（ボタンセット）　イドラ

大正時代に建てられたレトロな洋館にある創業23年の[イドラ]には、世界中のボタンやビーズが集合。老舗メーカーのビンテージや現代の個性的なボタンがそろい、赤ずきんちゃんボタンやおおかみボタンを配したストーリー性ある立体的なカードは、手芸材料専門店ならではの発想が光る。1枚1000円

カード　かみ添

西陣の工房で型押しという古典印刷技術によって多様な版木を用いた紙を手摺りしている[かみ添]。[昴 -KYOTO-]の永松仁美さんとのコラボレーションで、フランスのアンティークグラスから文様を写したカードは、グラスの繊細な文様が紙上ではまた異なった美しさを見せている。めずらしい本銀箔を用いたカードは、角度等によって表情を変える鼠色が奥深く、胡粉の幾何学更紗模様が独特。ほかにも、便箋、封筒、ぽち袋に至るまで白く清らかな文具が並ぶ。上からフランスのアンティークグラスの二つ折カード1枚・封筒1枚1500円、本銀箔のカード1枚・封筒1枚2000円

celebration card

**オーダーメイドカード、
グリーティングカード**
THE WRITING SHOP

ヨーロッパの秀逸な文具がそろう[THE WRITING SHOP]の店内は紙への愛情があふれていて、オーナーの花恵さんのセンスが光るオリジナルの文具のほか、自分だけのカードや特別な日のボードなども作ってもらえる。イタリアの手すき紙に、深みのある色文字や、イギリスの金箔でギルディングした花文字があしらわれたカードは、ヴィンテージのような華やかで厳かな雰囲気で、結婚パーティ等に最適。音楽シリーズのカードは活版印刷に金箔とグアッシュで抒情豊かに仕立てられ、大徳寺高桐院の石畳をイメージしたカードは大理石の顔料を用いて版画で表現されている。シャンパンの泡を想わせるカードは一言添えてパーティ等のお祝いに差し上げても粋。オーダーメイドカードの価格は応相談。グリーティングカード 右頁：上から、1200円、2500円、1200円

グリーティングカード CASAne

西陣の藤森寮に店を構える[CASAne]では、文具や陶芸の作家作品をセレクトするほか、紙の切れ端等も生かして、紙を重ね1つずつ手仕事による文具を作り上げている。中でも好評を博しているハートの形を切り抜いたカードは上品な装飾が施され、まさに結婚式のような清らかな雰囲気。自由な発想によって工夫が凝らされ、加工された紙の重なりから生まれていく光景が独特の情緒やリズムを放つ。榎本千明希さんのミニカードも、紙管を用いて表現された丸の文様が素朴で美しく、カラーインクの発色とあいまって身近なデザインが鮮やかなデザインに昇華。上から、各カード・封筒 1枚入450円、260円

したためる

歌舞伎カード　福井朝日堂

日本の伝統文化を文具の上に表現する[福井朝日堂]の文具は、縁起のよい由緒ある柄もあしらわれお祝い等にもふさわしい。日本の伝統の歌舞伎のシーンを彷彿とさせる歌舞伎カードは、新年の挨拶にぴったり。300円

うぶ着カード　嵩山堂はし本

書道用品や和文具の専門店として知られる[嵩山堂はし本]には、手書きの文字と手描きの絵があしらわれたあたたかみある文具が並ぶ。赤ちゃんに初めて着せるうぶ着をかたどったカードは、出産のお祝いにもご報告にも使うことができて、赤ちゃんの手形や足形をとって残しておくのも素敵。添えられた紙にお祝いの言葉をしたためて着物の内側に収める趣向にも和の情緒が漂う。カード・文・封筒 各1枚入1500円

招待状セット　ROKKAKU

紙製品を製作する[サクライカード]が隣に開いた[ROKKAKU]では、金銀をはじめとした箔押しや活版印刷を用いた文具を扱い、結婚式などの招待状や席次表などの手作りセットが豊富にそろう。従来のものと一味違うモダンな招待状は現代の様々なおめでたい席に合い、ハイセンスな式や会を演出できそう。左から、みやび409円〜、うさぎ269円〜、わらくきょうと389円〜

シルク刷シングルカード　鳩居堂

[鳩居堂]は、書道用品のほか伝統的な和文具でも人気の老舗。中でもシルクスクリーン刷りのはがき(40・41頁)やカードが人気を博している。季節折々の美しい花の中でも薔薇のカードは母の日やお誕生日のお祝いにふさわしい。カード1枚・封筒1枚入130円

frame card ケーキ　AIUEO

京都のアトリエでものづくりをする[AIUEO]では、自在な発想によって形にとらわれない文具が多数誕生。ポップな発色やデザイン、フォルムが斬新で、このカードはカラフルなシールを自由に貼れるから、お誕生日のお祝い等のオリジナルカード作りにぴったり。ピンクの箔押しのフレーム部分も華やかでかわいい。封筒1枚・カード1枚・シール1枚入340円

したためる

ポストカード　メスダ ヌ キヤド

花文字イニシャルの文具が様々に作り出されていて、贈り物の場面にも重宝する[メスダ ヌ キヤド]のカード。花文字のイニシャルカードは、贈る相手の名前やメッセージの頭文字に合わせて選んだり、何枚かを組み合わせて言葉にしたり、お祝いのときに飾ったり、使い方を考えるのも楽しい。高級感漂うゴールドのイニシャルカードや額縁のポストカードも、結婚パーティやインテリアにぴったり。華やかな花文字でデザインされたメッセージ入りのポストカードも存在感があり、思いを届けてくれそう。各200円

千社札、カード　京都版画館 版元 まつ九

[京都版画館 版元 まつ九]では、版画館創設者であり版画界の第一人者として知られる徳力富吉郎の版画を受け継ぎ、多くの文具を作り出している。今は聴き慣れない千社札とは、もともと千社まいりで納めていた札で、江戸時代には飾って楽しむ札として流行したそう。絵と文字を組み合わせた遊び心いっぱいの札は、その時々の気持ちを代弁してくれて、名前を入れてもらって名刺がわりに使うこともできる。両親のどちらが好きかと聞かれ饅頭を割ってどちらがおいしいかと返した子供を表した伏見人形のカードは、子供の節目のお祝いにも喜ばれそう。左から、2枚入190円〜、カード・封筒 各1枚入200円

mini card

円形カードセット、ミニカードセット　ROKKAKU

[ROKKAKU]には多様な形態の文具がそろい、京都の風景やかわいい図柄が箔押しや活版印刷で美しく施されている。ミニカードも箔の色や形によって様々な表情を見せ、異国情緒が漂う箔押しカードは、贈りものに添えたりメッセージをしたためたりすれば大切な思いを届けてくれそう。円型のカードセットはコースターにもなり、ハート型のカードなどもある。円型カードセット　カード3枚・封筒3枚入648円、ミニカードセット　カップル　2つ折カード1枚・封筒1枚入240円（税込）

ミニカード　竹笹堂

伝統的な木版摺りを今も作り続ける[竹中木版]が手がける[竹笹堂]には、ふだんの生活で手軽に使うことのできる文具が充実。木版ならではの色の重なりが味わい深い「雪の日」のミニカードは抽象的なデザインが秀逸で、様々な場面に活躍してくれそう。裏にも絵柄が続いているので机上に置くこともでき、薄い和紙をはさむ仕様も趣深い。カード1枚・封筒1枚入350円

ハウスカード　BOX&NEEDLE

古いビルをリノベーションしたジムキノウエダビルディングに店を構える[BOX&NEEDLE]は、京都の老舗紙器メーカーが展開する世界初という貼箱の専門店。店内に一歩踏み入れたとたん、ずらりと並ぶ箱と華やかな紙の世界が広がる。文具の中で一際目をひくかわいい家の形のカードは、リバーシブルのカラー段ボールでできていて、メッセージカードとして贈り物に添えるほかコースターとしても使うことができる。招待カードやボードがわりにもなり、扉をあけて立たせるとオブジェとしてもおしゃれで、伝言などのメモも一目瞭然。300円

封筒付ミニカード　柚子星堂

デザイン・印刷（[あしあと印刷]）・クラフトを手がけるデザイン事務所[Log design]では文具も展開している。こまやかな手作業で切って作られたカードは文具や紙への思いが感じられ、手作りの温かみが伝わってくる凝った一品。店名にもなっているシンボルマーク、柚子星の絵柄が、幸せが降り注いでくるかのような夢にあふれた雰囲気を醸し出している。落下星250円

したためる

茶花グリーティングカード　紙司 柿本

弘化2年(1845)に創業した老舗の紙屋[紙司 柿本]。作家が顔彩と胡粉で1枚1枚、季節の花々を染めた手漉き和紙のグリーティングカードは、花があしらわれた封印シールもついている。ほかに、同じシリーズのオリジナル手染め便箋(10頁)もある。2つ折封筒・カード内紙・封印シール入500円

メモ　メスダ ヌ キヤド

オリジナルの花文字イニシャルの文具がそろう[メスダ ヌ キヤド]では、名刺サイズの小さなカードも制作。厚めの上質な紙で作られているから、贈り物に添えるほかイニシャルを生かしたカードとして様々にアレンジすることができる。一言だけメッセージが書かれていて、その下がほどよく空いているので、そのまま渡すことも言葉を付け加えることもできてうれしい。各10枚入350円

猪口のカード
昂 -KYOTO-

西洋アンティークや陶芸作家の器を扱い、新鮮なアンティークを提案する[昂 -KYOTO-]の永松仁美さんが手がける文具。バレンタインデーのチョコと掛けて、好きな猪口を写して作られたという華やかなカードやシール(158頁)は、アンティークの柄を紙上で鑑賞できて、骨董愛好家やお酒好きの方にも喜ばれそう。[かみ添]とのコラボレーションによる文具(33頁)も誕生。各400円

くるんで一言　嵩山堂はし本

和文具の老舗[嵩山堂はし本]にはアイデアにあふれた文具が並ぶ。この文字入ミニカードは、封筒とメッセージが一体となっていて封筒いらず。一言メッセージや文章の一部が小窓から見えておしゃれで、簡易ながらにもウィットに富み、風情がある。400円

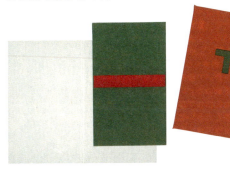

メッセージカード　ギャラリー遊形

老舗旅館[俵屋]が手がける[ギャラリー遊形]では、俵屋当主の発案による文具にもここならではの洗練美が。日用品等にも入れられているTのロゴをあしらったミニカードはシンプルながらにインパクトがあり、どのように使うか考えるのも楽しい。刷られた赤い線を水引に見立て、お祝いにも使うことができ、アイデアが光る。カード1枚・封筒1枚入120円

39

post card

A. ギャラリーH₂O　由緒ある吉祥文様がモダンにデザインされた「めでた葉書」。金の箔押しと黒の配色がスタイリッシュで、デザイン事務所が手がける[ギャラリーH₂O]ならではのデザイン力が光る。ほかに、老松と鶴が組み合わさった敬老の日にぴったりのはがき等もある。各200円（税込）

B. 京都デザインハウス　京都らしく箔をあしらい、京都の季節や情景をデザインしたオリジナルポストカード。抽象的な表現が光り、モダンアートとして飾っても美しい。4枚入640円

C. 椿-tsubaki labo-KYOTO　オリジナルファブリック等を手がけるkoha*さんのポストカード。捺染された布製品とはまた異なる一枚の紙上でのkoha*さんの世界観が広がる。風合い豊かな描画手法で表現された鶴のはがきは、日本画や版画のような和の情緒にあふれていて、額に入れて飾っても美しい。koha*ポストカード 左から、tsubaki、natsunoasa、harugasumi、tsuru 各150円

D. 芸艸堂　[芸艸堂]は、明治24年（1891）に木版摺技法による美術書出版社として創業し、日本唯一の手摺木版和装本を刊行する出版社。明治後期にアールヌーヴォーの影響を受けた日本の作家がデザインした絵はがきも、大胆な構図やレトロな雰囲気が堪能できる。各100円

E. 鳩居堂　[鳩居堂]でとりわけ人気を集める200種にも及ぶシルクスクリーンのはがき。季節折々の花が色鮮やかで、歌舞伎の隈取や季節の景物など京都らしい絵柄も並ぶ。シルクはがき 右頁：左から120円、80円、80円、左頁：左から80円、120円、80円、120円

F. 京かえら　「手摺り染め更紗葉書」は、着物などで型紙を敷いて染めるのを繰り返す手摺りの型染めの技法で紙を染めたという貴重なはがきで、着物の製作をしているお店ならではの発想が光る。手染めならではの深みある色と風合いによって表出される由緒ある絵柄が美しい。友禅の絵柄を用いたものや、季節の情景を描いたポストカードもそろう。左頁：手摺り染め更紗葉書780円（300枚限定）、右頁：ポストカード各200円

したためる

B　C　C　C　C
D　D　E　E　E
F　F　F　F　F

CASAne
京都在住の絵描き・畑中直子さんの作品が印刷されたペン画はがき。細かく繊細な描写が織りなすコンテンポラリーアートのような独特な作品に魅了される。はがき4枚・封筒4枚のギフトBOX入レターセットも、蛇腹の形でアート作品のように鑑賞することができ、包装もおしゃれだから贈り物にしても喜ばれそう。ほかに和裁ばさみやものさしを見事に配したドローイングのはがきも数種ある。各200円、セット1200円

東寺
東寺の「両界曼荼羅図ポストカードセット」では、色彩曼荼羅図として最古といわれる国宝の曼荼羅図(西院本)の胎蔵界、金剛界、またその中の大日如来、離戯論菩薩、中台八葉院、賢劫千仏・水天、降三世三昧耶会など、曼荼羅の世界が堪能できる。紙ケースのデザインも秀逸。8枚入600円

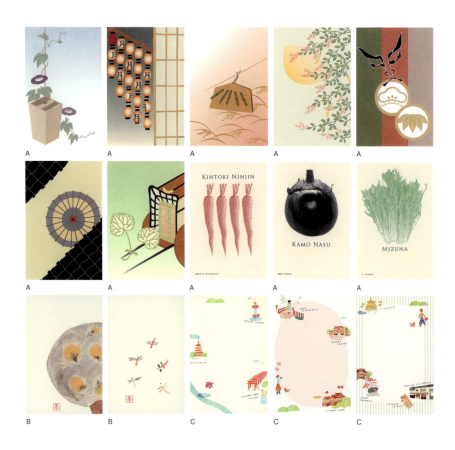

A. GALLERY & SHOP 唐船屋　大正10年（1921）創業の印刷会社が開いた紙と印刷製品のセレクトショップには印刷会社ならではのオリジナル絵はがきもずらり。年中行事等、京の月ごとの情景を色彩豊かに描いた絵はがきはまるで京の歳時記のよう。耳付き和紙に京野菜が表されたはがきは、あえてあらい網点に加工した凸版による活版印刷。京の十二ヶ月 12枚たとう入1000円、京野菜6枚入1000円

B. ギャラリー遊形　憧れの老舗旅館［俵屋］の当主の審美眼が光る品々がそろう［ギャラリー遊形］。当主が考案した文具等のほか、当主みずからが描いた絵をあしらった絵はがき「消息をりをり」のシリーズも、京都の風情を感じさせてくれる。季節折々の植物などが独自の感性で描かれた素朴な絵はがきは、京都の季節を伝えるとともに贈る相手の心を和ませてくれそう。各77円

C. 紙匠ぱぴえ　昭和8年（1933）に創業し、京都らしい文具を手がけてきた和文具メーカー［表現社］のショップ［紙匠ぱぴえ］。手描きのイラストによる京都の名所がチェック柄などをバックに愛らしく描かれたはがき箋は、風合いのよい厚めのはがきを切り取って使えるのがうれしい。名所が英語で表現されているから外国の方へのおみやげにも喜ばれそう。はがき箋 京の名所めぐり 5柄各2枚 10枚綴350円

D. 和詩倶楽部　犬の柴田広報部長が京都の風景に登場する、「ことの葉はがき」。ポップカラーや深紅で表現された京の街並みから顔をのぞかせたりお散歩したりしている柴田部長が愛らしい。書きやすい紙に郵便番号枠も印刷されていて、ほかに無地の耳付き和紙のはがきもある。ことの葉はがき 京都 のぞく（京都の町並みカラー）・さんぽ（京都の町並み深紅色）・麻の葉3枚入400円

したためる

[青幻舎]から発売されている、京都の版画家ミナコ カワウチさんのポストカードブック『京・月・花』 800円

[山本富美堂]の本格的な書道用紙を綴った葉書帖 500円

[紙匠ぱぴえ]の「はがき箋 京の名所めぐり」の表紙

A. 京都版画館 版元 まつ九　木版画、絵はがき、古画の復元の製作を行っている[版元 まつ九]。西本願寺絵所の家系に生まれ京都の木版画家として名高い徳力富吉郎が創設した版画館である[京都版画館 版元 まつ九]には、版元 まつ九によって作り上げられた文具も並ぶ。徳力富吉郎によって京都の年中行事や四季折々の光景が描かれた「版画京風景絵はがき」は、木版ならではのぬくもりと鮮やかな配色から京情緒が伝わってきて、贈る相手の目を楽しませてくれそう。桂離宮や光悦、尾形光琳の絵を描いた版画のはがきセットも京都の景物や植物が風情豊かに表されている。上段：左から、光琳文 はがき料箋 5枚たとう入り350円、光悦好 はがき料箋 5枚たとう入り350円、中段：左から、版画 桂離宮 6枚たとう入り500円、版画京風景絵はがき270円

B. Ileno　手製本ノートの店[Ileno]の上製本ノートの表紙に使われているシルエットのシリーズがポストカードに。サラリーマンや女性のシルエットがレトロポップにデザインされていて、モダンな部屋にも合いそう。そのほか、様々な便箋や便箋箱、シックな封筒もそろい、便箋の名入れなども手がけている。各100円

C. 楽紙舘　紙の専門店[楽紙舘]には多様な絵はがきがそろい、「王朝継ぎ紙はがきセット」は4シリーズあり、源氏物語のそれぞれの巻の情景を感じさせる。平安時代の女房たちによって生み出されたという日本最古の和紙工芸である王朝継ぎ紙を再現した紙が美しく、平安の雅に浸りながら文をしたためることができそう。王朝継ぎ紙の懐紙シリーズもある。5枚たとう入400円

D. 恵文社一乗寺店　全国に名高い人気の書店[恵文社一乗寺店]では、本だけでなく本にまつわる様々なものをセレクトし、作家による文具も充実している。これは、型

したためる

染めという技法で布や和紙を染めて制作している型染作家の関美穂子さんのポストカード。いくつもの工程を重ね、手間暇かけて作られた型染の味わい深さと色彩の豊かさが、描かれた世界観をより魅力的にしていて、思わず見入ってしまう。関美穂子ポストカード 7枚入1050円
E. りてん堂　グラフィックデザインと活版印刷を行う[りてん堂]には、りてん堂オリジナルの文具も並ぶ。花＊花のボーカル・こじまいづみさんの歌詞をデザインしたポストカードは、活版印刷の文字を通して、詞がより心に刺さってくるかのよう。ポストカード各130円、こじまいづみコラボレーションポストカード150円
F. うんとこスタジオ　アーティスト・谷澤紗和子のスタジオとイラストレーター・とんぼせんせいのオフィス・カフェ・ショップが共同している店内には、とんぼせんせいの作品が並ぶ。「願掛けだるまのポストカード」は目を書き入れることもできて、起き上がりこぼしならぬ起き上がりだるまとして立体的に楽しむこともできて、願いをかなえてくれそう。とんぼせんせいのだるまカード400円

F
このようにだるまが起き上がり、机上に置くと勉強もはかどりそう。

A. 日の出湯　昔ながらの銭湯が未だに多く残る京都。それぞれの個性を生かしたグッズを販売しているところもあり、南区の路地を入ったところにあるレトロな［日の出湯］には、銭湯を描いたポストカードが。銭湯応援プロジェクト「ふろいこか〜」作成のラッキーポストカードで、銭湯のこまやかな描写が味わい深い。ラッキー銭湯ポストカード　各100円（税込）

B. 平岩　旗の制作で知られる［平岩］から生まれた仏像ステーショナリーシリーズにポストカードが登場。仏像たちがかたどられたポストカードは迫力があり縁起もよくて、節目の挨拶等に喜ばれそう。各150円

C. 京大ショップ　江戸後期にドイツの医師で博物学者であるシーボルトが動植物図を収集して出版した図録『日本植物誌』と『日本動物誌』の原本（京都大学所蔵）から選んで作られた「シーボルトポストカード」は、絵師の川原慶賀らが描いた草花や小鳥のこまやかな描写が味わい深く、標本のように楽しむことができる。「化石ポストカード」は、16〜19世紀の書籍から選ばれた優れた化石の図をポストカードにしたもの。各5枚組520円（税込）

D. 美術はがきギャラリー　京都 便利堂　［便利堂］の創業125年を記念して作られた復刻絵はがき「ベースボール」。明治38年（1905）発行当時と同じリトグラフ印刷によって復刻され、武道と異なるスポーツという概念が入ってきた明治期の野球の雰囲気が、銀色を用いてシックに表現されている。復刻絵はがきセット　ベースボール4枚入1143円

したためる

E. シーグ社出版株式会社　京の一筆せん屋［シーグ社出版株式会社］のポストカード。様々な着物の舞妓さんの木版画があしらわれ、はんなりとした色合いが美しい。各100円

F. プティ・タ・プティ　ナカムラユキさんのイラストやコラージュ作品がポストカードに。「ロワゾ：鳥」(左)には、雄雌が目と翼を1つずつ持ち、二羽一体となっている空想上の鳥「比翼の鳥」が、連理の枝のまわりを飛び交う光景が紙の重なりによって幻想的に表現されている。最後の真実の恋を結実させた幻の鳥たちが思いを届けてくれそう。各150円

G. 京都中央郵便局　JR京都駅からすぐの［京都中央郵便局］では、オリジナルの文具を販売。舞妓さんや社寺などのかわいいイラストがデザインされたポストカードは、京情緒と共に楽しい旅の雰囲気が伝わってきて、京都らしい風物を背景に、京都からの便りをその場で書いて投函できるのもうれしい。季節によって絵柄は変わる。左から、ご当地フォルムカード京都　各185円、京都ポストカード　各154円(税込)

［京大ショップ］のポストカードのケース

A. KIRA KARACHO　寛永元年(1624)に創業した老舗の唐紙屋［唐長］11代目長女の千田愛子さんが1枚1枚、手摺りした唐紙のはがき。唐長に伝わる板木から写した縁起のよい文様がはがきの形の上にモダンに配され、1枚ずつ異なる味わいときらめきが美しい。額等に入れてインテリアとして飾っておきたくなる珠玉の品。各756円(税込)

B. 美術はがきギャラリー　京都　便利堂　創業125年を記念して作られた復刻絵はがき「京名所百景」。明治33年(1900)に私製はがきが認可され、絵はがきブームが起こった頃に、貸本売本や出版を行っていた当時の便利堂書店によって作られたものの復刻で、明治38年(1905)発行時と同じくコロタイプ印刷と手彩色で仕上げられている。当時

も観光名所であった京都の様子が窺われて貴重。太田不古デザインによる袋絵もおしゃれで、当時宣伝ツールとして配布されていた宛名書きのインクの吸取り紙と解説も付いている。京都三条富小路店500部限定1143円

C. ギャラリー高野　マリア書房の書籍で紹介された作家の作品やグッズを取り扱う［ギャラリー高野］には、近世・現代木版画や日本画のほか作家による文具も並ぶ。西陣織の帯のデザイナーである大石浩司さんによるオリジナルデザインのぽち袋(108頁)がポストカードにも登場。各月をテーマにしたモダンなデザインが秀逸で、罫線の色が言葉をしたためるのにちょうどよく、京都らしいはがきに仕上げられている。大石浩司ポストカード　ポ

したためる

[ギャラリー高野]
のポストカードのケース

チごよみ12枚ケース入1200円

D. プティ・タ・プティ　テキスタイルや文具の企画も手がけるナカムラユキさんのオリジナルイラストポストカード。パリ等をテーマに描かれたイラストが小粋で、壁に飾ってもかわいく、部屋が一気におしゃれになりそう。各150円

E. 芸艸堂　明治時代から図案集を出版し、数々の作品の復刻も手がけてきた[芸艸堂]が展開する文具は、貴重な木版の技術を身近に感じ取れ、職人の手仕事がしのばれる。近代琳派の画家の作品から作られた手摺木版画は木版ならではのあたたかみが手から直接伝わってくる。神坂雪佳「海路」より　各300円

F. 壬生寺　重要無形民俗文化財に指定されている壬生大念佛狂言の際に販売されるはがき。4月29日〜5月5日の7日間、10月の体育の日前々日からの3日間、2月の節分の前日と当日の2日間に行われる。名場面がはがきを見ると蘇り、来られなかった方にも風情を伝えることができてうれしい。8枚入500円(税込)

G. ROKKAKU　お茶席を想わせる京都の四季の和菓子や京都の季節折々の光景が箔押し加工されたはがきセットは、インテリアのポイント等にも使いたくなるような艶やかな色彩と愛らしいフォルム。郵便番号と切手の枠も付けられている。京うらら　4枚入626円、舞花134円(春限定)(税込)

writing item

唐様三昧 漆塗り携帯用筆ペン　岡重

安政2年(1855)から京友禅の伝統を受け継ぐ老舗が手がける文具。職人によって1本1本漆塗りされた筆ペンは深みのある艶が美しく、更紗の見本帳からアレンジし友禅で染め上げた生地や紬をまとい、さらに桐箱に納められている。しなやかで書きやすく、雅やかで上質な趣を日々の暮らしに添えてくれる。機能性と芸術性を兼ね備えた逸品。朱・溜・黒・白4色 各カートリッジ2本・袋・箱入6800円

竹軸筆ペン、小槌うさぎ、和紙筆ペン　嵩山堂はし本

書道用品のみならず遊び心あふれた和文具でも名高い[嵩山堂はし本]では、和紙を用いた筆ペンなど、現代の生活に取り入れやすい和文具も展開。1つ1つ柄が違う袋に収められた「竹軸筆ペン」は、1本1本、竹の持つ風合いも異なり自然の趣が伝わってくる。「小槌うさぎ」は小槌の形の紙が付いていて、和モダンなうさぎのモチーフが愛らしい。ほかに、和本や集印帳も風雅。竹軸筆ペン インクカートリッジ2本付・筆袋・桐箱入4200円、小槌うさぎ 筆ペン1本・メモカード5枚入700円、和紙筆ペン600円

竹筆ペン、巻筆ペン　大覚寺

平安初期に嵯峨天皇の離宮として建立され、弘法大師空海を宗祖とする[大覚寺]には由緒ある授与品のほかオリジナルのおみやげも充実。伝統的な奈良筆の軸に用いられる天然の紋竹から選りすぐった軸が風流な「竹筆ペン」は、筆職人こだわりの穂先が書きやすく、はらいなどもなめらかにしたためることができる。大覚寺の文化財である狩野山楽筆「牡丹図」があしらわれた箱も優雅。「毛筆ペン」も1本1本手作りで作られ、狩野山楽筆「牡丹図」「紅白梅図」「野兎図」の軸も美しい。左から、竹筆ペン カートリッジ2本付・箱入2000円、巻筆ペン500円

したためる

新毛筆 はなこ　尚雅堂

昭和39年(1964)に創業した[尚雅堂]では、京友禅紙に彩られた文具も充実。千代紙として愛されてきた京友禅紙を軸に巻いた筆ペンも作られている。手作りの筆ペンは本格的な書き心地で、友禅染のように型を使い、木版画のように色を摺り込んで染められた友禅の様々な柄も華やか。同じ柄の友禅筆箱も20柄そろうから(142・143頁参照)、セットにして贈り物にしても喜ばれそう。500円(筆ペンセット1800円)

筆ペン らくかき　鳩居堂

[鳩居堂]は、筆・墨・硯・紙の文房四宝のほか、使いやすい本格的な筆ペンも作り出している。「らくかき」はその名の通り、弾力があってすらすらと書くことができる一品。300円

筆ペン、紙巻筆ペン、はがきとペンのセット
美術はがきギャラリー 京都 便利堂

明治20年(1887)に創業して以来、コロタイプ印刷等によって文化財の複製にも携わってきた[便利堂]が展開する美術はがきギャラリーには、全国のミュージアムの名作のはがきがずらりと並ぶ。古の優れた絵画を用いた文具も数々生み出されていて、国宝の鳥獣人物戯画(京都・高山寺蔵)があしらわれた筆ペンは竹の軸が風流で持ちやすい。京都国立博物館蔵の重要文化財、土佐光吉筆「源氏物語絵色紙帖 野分」が印刷された筆ペンも雅やかで(京都国立博物館ミュージアムショップでも販売)、歌川広重の名所江戸百景(東京国立博物館蔵)などがあしらわれたボールペンとはがきのセットは浮世絵が身近に感じられる上に、すぐにしたためることができて観光客にも喜ばれそう。竹筆ペン カートリッジ2本付・箱入2300円、紙巻筆ペン500円、はがきとボールペンのセット250円

ガラスペン 公長齋小菅

明治31年(1898)から竹を素材とした製品を作り続けてきた老舗[公長齋小菅]では、現代の暮らしに合わせて多様でモダンな竹製品を展開し、昔からの和の自然素材である竹を生かした斬新な文具も生み出されている。めずらしいガラスペンは、漆を何度も刷り込む拭漆の技法で作られた根竹を軸に用い、軽くて竹の節も絶妙に手になじみ持ちやすい。箱入4500円

セルロイド万年筆、ボールペン 京都セルロイド

明治3年(1870)に実用化されたセルロイドは木や綿を原料とした天然樹脂で、微生物により分解され土に還るエコロジー素材。[京都セルロイド]では、この天然素材を生かした筆記具を一本一本手作業で生み出している。セルロイドにしか出せない鮮やかな色彩と艶、なめらかな手触りが特長。懐かしい柄から、京都の伝統工芸「組紐」の技術を取り入れた新柄まで取り揃えている。万年筆シリンダータイプ 金魚12960円、ボールペンシガータイプ サクラ9720円、万年筆シガータイプ 組紐32400円(税込)

したためる

ペンカバー　弓月

着物や和小物を展開する［弓月］には、自社工房である西陣御召の織元が創る輪奈ビロード地を用いたシリーズの文具も並ぶ。京都の伝統と現代的な愛らしいデザインが絶妙に調和していて、職人が1つ1つ仕立てたカバーは伝統的な西陣御召地ならではの上質な光沢と瀟洒なデザインがあいまって、机上に格調高い和の表情を添える。10色がそろい、和の色味や奥深い模様も京都らしくはんなりと美しい。各2160円（税込）

でんでん達磨ペン　鈴木松風堂

［鈴木松風堂］は、明治26年（1893）、初代・鈴木宇吉郎が上海で手にした紙の万華鏡をきっかけに始まったという紙加工の老舗。遊び心あふれる文具がそろう。一見、でんでん達磨のようなこの一品は、持ち手の下のところがキャップになっていて、れっきとしたペン。京友禅の技法によって色鮮やかに染められた型染紙で仕立てられていて、郷土玩具の趣も醸し出す。この願掛けだるまのほか、姫だるまもある。1200円

東急ハンズ京都店

平成26年（2014）についにオープンし、オープン時期には京都の店の包装紙を用いたノートを販売して人気を博した東急ハンズ京都店。［タカトモハンコ］（58・59頁参照）のワークショップ等を開催したり、［京都セルロイド］（左頁参照）の筆記具も販売したりする等、現在も京都ならではの売り場作りが見られる。

硬質ガラスペン　ガラス工房 燄

明治時代に日本で生まれてから世界で愛されてきたガラスペン。ネオン管加工職人の菅清風さんが硬質ガラス加工職人の修業を経て、1200度の炎の中、25年以上作り続けているガラスペンは、通常の軟質ガラスと異なり加工が困難な硬質ガラスにダイヤ絞りの意匠が施されている。螺旋の文様がきらきらと輝く様は、息をのむほどの美しさ。ペン先の溝によってインクが吸い上げやすく長く使うことができて、ふくらんだ軸が手になじんですらすらと書くことができ、角度によって文字の太さも調整できてなめらかな書き味で、'用の美'に満ちている。著名人にも愛用され、戦争の体験から平和への願いを込めて、アメリカ元大統領やノーベル平和賞受賞者などに贈呈もされた逸品。13000円～（写真の左は、菅清風95歳現役を記念して作られた、金箔の老舗 [堀金箔粉株式会社] とのコラボレーション作品）

革巻きボールペン　京都デザインハウス

「美しい日々を贈る」をコンセプトとして伝統技術とモダンデザインの調和した名品がそろうギフトストア [京都デザインハウス]。京都の工房で職人が1本1本ミシンで仕上げている革巻きボールペンは、イタリアの最高級皮革ミネルバ革を用い、ボールペンの芯をとりかえればずっと使うことができる。革の色は12色あり、ステッチやキャップの形もおしゃれで、使っていくと深みのある色と風合いが革ならでは。各1200円

したためる

透明標本ボールペン、ウッドボールペン
京都大学総合博物館ミュージアムショップ ミュゼップ

京都大学の研究の成果である標本250万点を収蔵・展示する京都大学総合博物館のミュージアムショップには学術的な独自の文具が並ぶ。とりわけ京都大学農学部の先生と京都大学大学院出身のベンチャー会社が共に開発した透明標本がそのまま軸に使われているボールペンには、琵琶湖の外来魚オオクチバスやアユの標本を間近に見ることができる。木の風合いがシックで重厚感が手にもなじむ京都大学総合博物館のロゴ入りウッドボールペンなど、文具愛好家をうならせる上質な文具もそろう。透明標本ボールペン1500円、ウッドボールペン800円

恵文社オリジナル木軸ボールペン　恵文社一乗寺店

アーティストにも人気の高い書店 [恵文社一乗寺店] は優れた文具もそろい、文具愛好家にも親しまれている。オリジナルのボールペンも製作し、鉛筆のような木軸にイラストレーターひろせべにさんによる [恵文社] らしい手描きのロゴ 「NOTHING BUT THE BOOKS」（何はなくとも本があれば）が施されて素朴な味わい。シャープペンのような構造で使いやすい上に、昔ながらの鉛筆の六角形が持ちやすく木の自然な温もりが伝わってくる。様々な作家によるほかの文具と共に贈っても喜ばれそう。替芯や替芯2本とのセットも販売している。380円

おりんちゃんボールペン
植柳まちづくりプロジェクトチーム

老舗のお香店や仏具店、表具店がひしめく西本願寺門前町の植柳まちづくりプロジェクトチームのシンボルとして一般募集から生まれた、植柳学区門前町活性化のマスコットキャラクター「おりんちゃん」。仏具のおりんが親しみやすく表現されていて、愛らしいグッズもそろう。ほかにメモ（67頁）や経本・念珠入れなどもそろい、毎月16日の植柳いちろく市でも販売。500円（税込）

オオさんショウさんボールペン
京都水族館ミュージアムショップ

すべて人工海水を利用した日本初の水族館として平成24年（2012）に待望のオープンとなった [京都水族館] は、鴨川に生息する国の特別天然記念物・オオサンショウウオの展示やイルカパフォーマンスなどで人気を集めている。独創的なグッズも充実し、なかでもオオサンショウウオをモチーフとした文具も充実。オオサンショウウオのマスコットが上部についたボールペンやシャープペンシルは、使う度に笑みがこぼれそう。540円（税込）

stamp

京乃印　翠草堂

デザイン印章を手がける[翠草堂]では、約40種類の模様や字体から選んだオリジナルのデザインを柘の木に彫り、世界に1つだけの印鑑を作ってくれる。花々をあしらった手創りの印鑑が華やかで、手紙やはがきに京都らしい風情を添えてくれ、海外からの観光客にも当て字で印鑑を作ってくれるのが人気。36000円～

スタンプ、京うふふスタンプ ひとことシリーズ・評価印シリーズ
田丸印房

大正のはじめに創業してから100余年、印鑑を作り続けている老舗[田丸印房]。双子の兄弟が店を構える新京極店と寺町店には思わずうふふと笑ってしまうスタンプがそろい、若い人達や観光客にも人気を博している。京都らしい雅やかなモチーフも多く、京都ならではのしゃれが光る逸品ぞろい。手紙やはがきに複数押すと独自の表現を楽しむことができる。好きなものを5つ選んでセットにしてくれる評価印も楽しく、武将のひとことシリーズやクラブ印・担任印、かっぱのぺー助シリーズもユーモラスで、教育指導にも味わいを添えて生徒を和ませてくれそう。オリジナル住所印や蔵書印、落款印も作ってもらうことができる。千鳥650円、清水寺740円、京うふふスタンプ ひとことシリーズ 各740円(回覧・速達は各800円)、評価印各500円

かわいい絵柄はんこ　河政印房

昭和21年(1946)創業の[河政印房]では、実印や役職印の他に、京都府が若手職人を対象に選ぶ「京もの認定工芸士」に、京印章の女性職人として初めて認定された河合祥子さんが手がけるかわいい絵柄の印鑑も並ぶ。ハートや動物や花の柄をあしらった愛らしいものや、京都らしい京野菜や大文字をデザインしたものなど、手紙やはがきに花を添える印鑑ばかり。2900円(税込)

したためる

竹印　ばんてら

長年続く竹細工店の技術を生かし、京銘竹の産地として知られる長岡京で竹の整備・伐採から始まり竹工芸品を制作する[高野竹工]。[ばんてら]では、その竹細工・竹工芸品・竹製品・古材を販売し、竹を材料とした多様な製品が並ぶ。天然の竹の地下茎を用いた手彫りの竹印は、自然の力強さが伝わってきて手にも力が入り、手彫りだから防犯性も高い。平仮名の竹印も手紙や作品に味わいを醸し出してくれる。竹印ケースも販売。革袋付2900円

仏像はんこ　平岩

[大垣書店 四条店]で取り扱っている[平岩]の文具。主に旗を制作する会社だが、仏像をモチーフとした様々な文具も企画し、大仏と阿修羅の仏像はんこもそろう。どこかユーモラスな仏様の世界に癒され、紙を守ってくれると共にご利益をいただくことができそう。左から大仏、阿修羅各3個入700円

お角はん　京都インバン

明治45年(1912)創業の印章専門店[京都インバン]では、本格的な名匠彫り京印章から、起業家のための会社印など斬新な印鑑も多様にそろう。京都らしい名が付けられた角印は、千鳥や古典的な有職文様、琳派調の絵柄等の絵柄があしらわれている。京都の名景のイメージが漂い、桜等がデザインされた書体もあっておしゃれ。3593円

せんせいハンコ(種人先生シリーズ)等各種ハンコ
タカトモハンコ

「事務機のウエダ」として知られる[株式会社ウエダ]本社が自社ビルをリノベーションしたレトロビルの一室に店を構えるタカトモハンコには、イラストレーターでもある高橋朋子さんが1つ1つ手彫りするハンコが並ぶ。種をモチーフにした種人先生等ほのぼのとしたキャラクターの雰囲気の中にもシュールでウィットの効いたハンコたちを眺めていると、時にちくりと刺激を受け、時にくすりと笑みを誘われ、職場や学校で疲れた心を癒し励ましてくれそう。従来のハンコにはない、多様な心の機微に合わせたイラストとコメント入りのハンコは、京都の教育現場でも人気。付箋に押すのにぴったりのサイズのミニハンコも便利で、「ええやん」「よしなに」など方言や雅な言葉を用いたハンコや諺や四字熟語のハンコも充実。ほかにもカルタやラインスタンプなど幅広く制作している。各1000円(ミニハンコ600円、2センチ四方ハンコ700円)、右下：へのへのもへじハンコ800円

スタンプ
美術はがきギャラリー 京都 便利堂

京都の高山寺所蔵の国宝である平安時代の鳥獣人物戯画がハンコにも登場。東京神田神保町店で行った鳥獣人物戯画人気投票キャンペーンで1位に輝いた「ねこ」のハンコは、扇子を持って擬人化したポーズがユーモアに満ちている。ほかにも、相撲うさぎ、扇子うさぎ、猿追いうさぎ、猿追いさる、相撲かえるもそろう。各500円

ハンコ(チャート式復刻版：秀才だよ！／面白い！)
数研出版

中学校、高等学校向けの文部科学省検定済教科書や問題集、一般書のほか、学校向けソフトウェアなどを発行する[数研出版]では、チャート式で知られる出版社ならではの知的な文具がそろう。『チャート式復刻版 代数学/幾何学』の挿絵から選び抜かれたハンコは、ほめて育てるタイプ。勉学以外の様々なシーンでも使うことができて、気持ちを伝えてくれそう。各463円

したためる

ヤッピーハンコ　京都精華大学kara-S

四条烏丸の「COCON KARASUMA」にある京都精華大学の学外サテライトスペース［京都精華大学kara-S］は、社会と大学の産学連携の拠点であり、京都精華大学ゆかりの芸術的で斬新な雑貨が並ぶ。京都精華大学の洋画コースを卒業してユーモラスな作風で活動しているBOMさんは、不思議なキャラクターたちを描いたステッカー（162頁）や封筒などの文具も制作。ヤッピーという音の響きとゆるいイラストが肩の力を抜いたり励ましたりしてくれそう。417円

AIUEOスタンプ CHIBI　AIUEO

京都のアトリエでものづくりをする雑貨ブランド［AIUEO］の直営店にはユニークな紙雑貨のほか、人や動物たちの動きがかわいいミニハンコも並ぶ。はがきの周囲に並べて押したり手紙の末尾に押したり様々に使うことができて楽しい。カラフルな紙箱にセットされているのもうれしく、ほかに数字・ひらがなのスタンプもある。16個箱入1000円

2.
かきとめる

左頁1段目：左から、lleno、鳩居堂、尚雅堂、lleno　2段目：左から、楽紙舘、lleno、lleno、芸艸堂
3段目：左から、芸艸堂、lleno、AIUEO、楽紙舘　4段目：左から、lleno、lleno、kitekite、lleno　右頁：恵文社一乗寺店

memo note

まめも　裏具

デザイン事務所が手がける［裏具］では、京都らしい粋を表現する瀟洒なデザインによって既存の概念を超えるような新しい「形」の文具が生み出されている。代表的な［まめも］は小さいながらも200枚綴りのスタイリッシュな趣で、机上や玄関先等の小スペースでも場所を取らず、メモをとった後、相手に渡すのにも美しいデザイン。ミニ一筆箋やぽち袋に入れミニレターセットにも使える。3個入のセットもあるから贈り物等、多様な用途で用いることができる。1個200枚綴350円

メモ帳「東海道五十三次 日本橋」広重筆　美術はがきギャラリー 京都 便利堂

美術印刷で定評のある［美術はがきギャラリー 京都 便利堂］では日本美術をモチーフにした文具が充実している。江戸時代の歌川広重筆「東海道五十三次 日本橋」(東京国立博物館蔵)が象られたメモ帳は、切り抜かれた浮世絵の風景や、マグネットで表紙をとめるしくみが斬新。ほかにも、東洲斎写楽や喜多川歌麿、葛飾北斎の浮世絵の世界がメモ帳で新たな表情を見せる。60枚綴500円

オリジナルメモパッド　紙司 柿本

弘化2年(1845)に創業した老舗の紙屋［紙司 柿本］ではオリジナルノートのリニューアル(72・73頁)に伴い洋風のメモパッドを新発売。万年筆でのなめらかな書き心地に加え、深みのある色合の表紙が3色そろい、クラシックなデザインと融合し気品を湛えて文具愛好家の心をくすぐる。コンパクトサイズで丁寧に仕立てられていて、モダンなインテリアにも合いそう。A7判100枚綴3冊入700円(数量限定)

小袖型メモ　SOHYA TAS

弘治元年(1555)創業の京友禅の老舗［千總］が展開する［SOHYA TAS］には現代の生活にも取り入れやすいモダンな和小物が並ぶ。千總コレクションから採られた着物の柄をあしらったメモは、紙上に表現された友禅が布とはまた異なる美しさを放ち、着物の形も愛らしく、贈り物などに添えても喜ばれそう。25枚綴400円

wrapping

嵯峨 卓上メモ　鳩居堂

寛文3年(1663)に創業し、お香・書画用品やはがき・便箋・金封等、和紙製品の専門店として多大な人気を集めてきた老舗[鳩居堂]。卓上メモは印傳のような表装や箱の素朴な絵柄が味わい深く、ハードカバーで仕立てられているので保護性も高く、鉛筆ホルダー付きで鉛筆も添えられていて便利。箱入950円

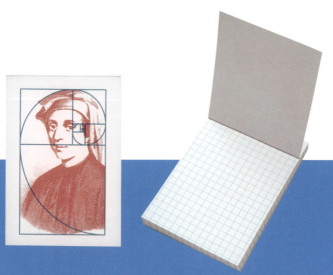

メモ帳（フィボナッチ）　数研出版

中学校、高等学校向けの文部科学省検定済教科書や問題集、一般書のほか、学校向けソフトウェアなどを発行し、チャート式で名高い[数研出版]では、数学、理科に関する独自の学術的な文具も制作。メモ帳には、『算盤の書』で知られるイタリアの数学者レオナルド・フィボナッチの肖像が描かれ、知性あふれた眼差しが勉学の助けにもなってくれそう。A7判75枚綴463円

版画紙箱　十八番屋 花花

木版画を手がける［工芸離世］がオープンしたおはこの専門店［十八番屋 花花］は、店内に多数の柄の箱が並ぶ光景が壮観で、あれもこれもと迷ってしまうほど。西本願寺絵所の家系に生まれ京都の木版画家として名高い徳力富吉郎の版画を受け継ぎ、花背で手作りされている箱にも京都の年中行事や季節折々の景物を描いた徳力氏の版画があしらわれている。徳力氏の「贈答に良し 独り楽しむも良し」という言葉通り、木版ならではの素朴な味わい、優しい配色とほがらかな描写はささやかな贈り物にも最適で、京の工芸を身近に味わえる。中身はブロックメモかこんぺいとうを選ぶことができて、箱4個を選ぶと箱入のセットにしてくれ、メモの表紙のデザインも斬新で注目を集めそう。1箱420〜600円

loule 六曜社 ドーナツメモ　恵文社一乗寺店

個性ある本のセレクトで人気を集める［恵文社一乗寺店］では作家による文具も充実。甲斐みのりさんが主宰する［loule］と京都の老舗喫茶店［六曜社］のコラボレーションによるシリーズでは、『甘い架け橋』の出版を記念してメモ帳も誕生した。かじったドーナツの柄がかわいく、まるいドーナツとの2種類の柄が半分ずつ入っている。ドーナツの穴に当たる中央にメッセージを書いてカードとしても活躍してくれそう。40枚入500円

丸小箱 メモ便箋付 話しうさぎ　嵩山堂はし本

昭和28年(1953)に創業した和文具の専門店［嵩山堂はし本］には京都らしくてアイデアあふれる文具が次々と登場。丸い箱に丸いメモ便箋が収められた今までにない形の文具が新発売され、メモとしてだけでなく贈り物に添えることもできる。赤縁・青縁・緑縁の箱があり、それぞれ、驚き・笑い・すましの3つの表情があり、中の便箋だけも販売しているから箱に入れて使い続けることができてうれしい。
メモ便箋2種 各25枚 箱入900円

メモパッド　ギャラリーH₂O

ミュージアムグッズなどもデザインしているデザイナーが手がける［ギャラリーH₂O］は創る人・見る人・使う人の観点からアートを捉え、人と物との出会いをプロデュースするコミュニケーションスペース。ギャラリーH₂Oでも個展を開催した彫刻家・高田洋一さんによるメモパッドも販売されていて、1枚ずつ絵や文様が配されたメモは使うのがもったいないほどで、どのように文字を入れていくか考えるのも楽しい。有名作家から学生まで様々な展覧会を開き続けていて、展覧会ごとに変わるのれんも芸術的。500円(税込)

ポケメモ、にっぽんとっとこめも　鈴木松風堂

紙加工の老舗［鈴木松風堂］で考案・制作されている遊び心あふれる素朴な文具のうち、だれにもなじみがあって郷土玩具のような趣も感じられる「にっぽんつつうらうらシリーズ」の「にっぽんとっとこめも」と、ディズニーとのコラボレーションシリーズの「ポケメモ」。「にっぽんとっとこめも」は、全都道府県を象徴するイラストがあしらわれた紙が47枚と富士山の柄が1枚入っていて、相手の出身にあわせて贈り物に添えたり、封筒に入れてメッセージを伝えたり、メモとしてプレゼントする等、様々に使うことができて喜ばれそう。ディズニーのキャラクターが京都らしい和モダンな柄に変身したメモも秀逸。ポケメモ50枚綴600円、にっぽんとっとこめも48枚入300円

©Disney

かきとめる

仏像メモ　平岩

[平岩]は旗事業で知られる会社だが雑貨等も企画し、仏像をモチーフとした様々な文具も開発していて、仏像を表紙や中身にあしらったメモもそろう。どこかユーモラスな仏様の世界に癒され、紙を守ってくれると共にご利益をいただくことができそう。上から、阿修羅、阿吽　各2柄30枚ずつ計60枚300円

メモ帳　CASAne

アートスペース[CASAne]は、スペイン語CASAの「家」という意のように、人と人の間に大切な時間を重ね、心と心を重ねるという思いが込められ、人と人をつなぎ、人とモノをつなぐ場となっている。文具や陶芸の作家作品を取り扱うほか、使われた後の紙や資材の残りを生かして、手作りのメモ帳やギフトボックスを制作。文具として生まれ変わった紙は、メモ帳の表紙等になってまた異なる趣を見せてくれ、暮らしに役立ってくれる。100円

おりんちゃん メモ帳
植柳まちづくりプロジェクトチーム

仏具店がひしめく西本願寺門前町の植柳まちづくりプロジェクトチームのシンボルとして生まれたマスコットキャラクター「おりんちゃん」。様々なグッズも展開し、メモ帳にもおりんちゃんが元気な姿を見せてくれる。ほかにボールペン(55頁)や経本・念珠入れなどもそろう。100円(税込)

ring note

オリジナルノート　京都活版印刷所

伏見稲荷大社近くにオープンした活版印刷専門店［京都活版印刷所］では昔ながらの手動印刷機（手キン）等を使っての印刷を提案し、なつかしい活版印刷を現代に融合させた活版文具も制作している。その場で作ってくれるオリジナルノートは、留め具の紐に至るまで自分でコーディネイトできて選ぶのが楽しく、世界で1冊の自分のノートを自分で作るような感覚を味わうことができてうれしい。ノートに活版印刷で名前等も入れることができて、名入れのオリジナル封筒等も企画中。1冊900円〜

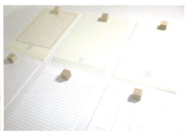

特殊紙で厚みのあるもの、水に強い紙、表裏リバーシブルな紙など多数の紙から表紙にふさわしい紙を選ぶ。→

中紙のタイプ（1パック14枚〜）を2パックか3パック選ぶ。店内の棚には、罫線やドット、方眼、スケジュールやオリジナルデザインのものがずらり（写真の中紙はすべて昔ながらの凸凹させない活版印刷によるもの）。→

ノートを綴じる金具（リング）の色を金・銀・銅・黒の4色から選ぶ。→

かきとめる

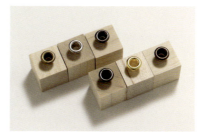

お好みで封蠟留めとゴム留めから留め具を選ぶ

封蠟留めの場合は、革部分の形・紐・ハトメの色をそれぞれ選ぶ。

オプション
名前等をローマ字の活字を組んで手動印刷機(手キン)で活版印刷する

完成！

リング製本機でお仕立て。

ノート（円周率）　数研出版

チャート式で知られる［数研出版］では、学校の教科書や参考書を想い出させてくれるようなオリジナルグッズが生み出されていて、知性あふれるユニークな文具が異彩を放っている。ノートには、おなじみの円周率（π）やその計算方法を表現。数学を味わうことができて、理系の方に喜ばれそう。A5・60枚741円

舞妓ちゃんノート　京都しるく

昭和61年（1986）に創業。シルクスキンケアグッズで知られる［京都しるく］から、舞妓さんをモチーフにしたオリジナル文具が誕生。他に白表紙のノートにクリアファイル等、店内に並ぶ文具はお土産にもぴったりなポップでカワイイ舞妓さんづくし。B6判90頁500円

かきとめる

リングノート　Ileno

手製本ノートで人気の［Ileno］では様々なノートも作り出されている。リングノートはカラフルで愛嬌のあるイラストが表紙の表裏を飾り、絵本のような趣。通常のリングノートより厚い表紙を使い、いたみにくく仕上げられている。リングで綴じられているのでめくりやすく、絵を描いたりするのにも便利。絵柄は時季によって変更がある。1200円

ジュリアン・チャン リングメモ
京都水族館ミュージアムショップ

日本初の内陸型大規模水族館として平成24年（2012）に待望のオープンとなった［京都水族館］。イラストレーターやデザイナー等、国内外で活躍するアーティストとのコラボレーションによる文具も販売し、オオサンショウウオをモチーフとした多様な芸術的表現が文具の世界で展開される。リングメモには、イラストレーターのジュリアン・チャンによるポップなオオサンショウウオが登場。80枚410円（税込）

notebook

A. Ileno　手製本ノートの店［Ileno］には、文具愛好家の心をくすぐるノートや一筆箋がずらり。上製本ノートの表紙に使われている海外のおしゃれな絵柄の紙などを用いて、中綴じされた手軽なライトノートも誕生した。A5サイズの中綴じで中紙は白無地が使われている。各500円

B. ギャラリー高野　江戸時代中期から末期にかけて栄えた「草紙」の表紙や中扉を表紙に用いた草紙絵文様のノート。洒脱なデザインと和の色合いが今見ても斬新で、当時の庶民文化の趣が伝わってくる。草紙絵文様ノート各500円

C. 紙司 柿本　弘化2年(1845)創業の老舗［紙司 柿本］には、ありとあらゆる文具が集う。柿本オリジナルのノートも雅やかなものから現代的なものまでそろい、洋風のノートもリニューアル。なめらかな上質紙を用い、万年筆の書き味にこだわって作られている。A5判ノート900円

D. 龍谷ミュージアム ミュージアムカフェ・ショップ　龍谷大学大宮図書館所蔵の『解体新書』の1頁から採った絵を表紙とした、学術的な雰囲気の漂うノート。ほかに、館内で復元展示されているベゼクリク石窟大回廊の一筆箋等もそろう。解体新書ノート 32頁450円

E. 芸艸堂　日本唯一の手摺木版和装本出版社［芸艸堂］が創業以来刊行してきた『多色摺木版図案集』から選んだ図柄をアレンジしたノート「和の手控え帖」。古谷紅麟の千鳥や河原崎奨堂のかすりの水玉がモダンに配されている。無地の中紙に朱色等の糸綴じが映え、書き心地も抜群。60頁600円

F. イノブン　四条に本店を構える人気の雑貨店［イノブン］が200周年を記念して手がけた「イノブンオリジナル200周年 Merciノート」。ほどよいサイズで持ちやすく、糸かがり製法で開きやすく、こだわりがたっぷり込められている。手垢がつきにくい丈夫な表紙に活版印刷が施され、ヨーロッパの香り漂うおしゃれな逸品。ほかにも紺と白のフランスカラーがそろう。370円

G. 象彦　寛文元年(1661)に創業した京漆器の老舗［象彦］が「きょうから始まる和」をコンセプトに展開する新しいブランド［一六六一］。漆器に描かれる蒔絵の下絵となる、「置目」の図案が表紙に用いられた「一六六一Okimeノート」は、金箔のロゴや立体感のある模様が華麗で、心が浮き立つような優美な雰囲気が魅力。中紙は金色の罫線が入っていて、京春・京夏・京秋・京冬の4種がそろう。64頁1000円

H. 鳩居堂　文具の老舗［鳩居堂］からオリジナルの薄型ノート「マル鳩(キュー)ノート」(左)が誕生した。京都の友禅紙を用い、伝統的な意匠が華やかに表紙を彩り、既存のサイズよりやや小さく作られていて軽くて持ちやすい現代的な和紙ノート。15柄がそろい、中紙は横罫・方眼・無地の3種類があり、それぞれ5柄ある。長い歴史を誇る鳩居堂で昭和初期から販売していた欧風ノートを復刻した「KYUKYODO'Sノートブック」(右)は、しっかりとした紙と装丁に加え万年筆のなめらかな書き心地が

身上。左から、A6判390円（A5判540円）、600円

I. **メスダ ヌ キヤド**　オリジナルの花文字イニシャルの文具がそろう［メスダ ヌ キヤド］の「レトロノートbook」。花模様と飾り枠がシックな雰囲気を醸し出していて、枠の中にイニシャルや文字、スタンプを施して自分好みに作り上げることができる。中紙は上が無地で下が罫線となっていて、L判の写真を貼ることができるサイズだから写真日記にしても素敵。トレーシングペーパーがかかった表紙に赤い糸を用いた製本と、こだわりがたっぷり詰め込まれている。40頁300円

J. **柚子星堂**　デザイン・印刷（「あしあと印刷」）・クラフトを手がけるデザイン事務所［Log design］では文具も制作している。1冊1冊、手作りされた「ちいさいノート」は文具や紙を愛する気持ちが伝わってくる温かみの溢れたノート。めがねうさぎのほか、柚子星堂のシンボルマークである柚子星の柄もある。A7判40頁350円

K. **SOU・SOU**　「新しい日本文化の創造」を目指すオリジナルテキスタイルブランド［SOU・SOU］から生まれたデザイン性の高いノート。上質で透けにくく書きやすい紙を用い、赤い糸を用いて中ミシン製本で仕上げられている。SOU・SOUのポップなデザインをノートでも楽しむことができるのがうれしい。SOU・SOU Notebook A5判64頁420円

L. **京都水族館ミュージアムショップ**　［京都水族館ミュージアムショップ］にはオオサンショウウオをモチーフとした文具がずらり。ノートの表紙にも中紙にもかわいいオオサンショウウオのイラストが入っていて、スイム編とお勉強編（ピンク・水色）がある。ステッカーがセットされたノートは、中紙に罫線が入っていて、ステッカーを用い自分でノートをカスタマイズできて楽しい。左から、オオさんショウさんノート スイム編 お勉強編 A5判48頁300円、ステッカーノート B6判32頁500円（税込）

KIRA KARACHOノートブック　KIRA KARACHO

寛永元年(1624)に創業した老舗の唐紙屋［唐長］11代目の長女夫妻、トトアキヒコ・千田愛子氏が手がけるブランド［KIRA KARACHO］から、文具・紙製品で人気の高い［ライフ株式会社］とのコラボレーションによる待望の唐長文様のノートが誕生した。唐紙師トトアキヒコ氏が幸せへの思いを込めて手摺りした唐紙を表紙として、職人が一冊一冊製本したノートは、浮かび上がる文様が唐紙ならではの繊細美に満ちていて、うっとりするような気品を湛えた美しさ。幸せと富貴の象徴である牡丹や、唐長の代表的文様で縁起の良い瑞雲「天平大雲」などの文様がそろう。仕様に変更あり。150枚12960円(税込)

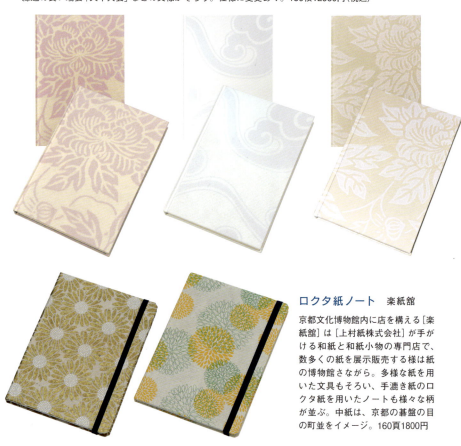

ロクタ紙ノート　楽紙舘

京都文化博物館内に店を構える［楽紙舘］は［上村紙株式会社］が手がける和紙と和紙小物の専門店で、数多くの紙を展示販売する様は紙の博物館さながら。多様な紙を用いた文具もそろい、手漉き紙のロクタ紙を用いたノートも様々な柄が並ぶ。中紙は、京都の碁盤の目の町並をイメージ。160頁1800円

フィールドノート

京都大学総合博物館ミュージアムショップ　ミュゼップ

優れた研究者を輩出してきた京都大学の歴史の中でも抜きん出た存在である今西錦司にちなんで、自らフィールドに入って徹底的に観察し、新たな理論を打ち立てた彼のような地質学者仕様に作られた「フィールドノート」。野帳と呼ばれ、ポケットに入れてもいたみにくく持ちやすい。600円

かきとめる

オリジナル文庫ノート　恵文社一乗寺店

修学院の工房で紙こもの・製本を手がける［すずめ家］とのコラボレーションによって生まれた、季節をテーマにした文庫サイズのオリジナル手製本ノート。季節ごとのテーマに合わせて色が変わり、数多くの紙から表紙や見返しが厳選されトータルコーディネイトされる。「ジャム」や「しめじ」等の独特なテーマもイメージ力が掻き立てられる。手仕事による丁寧な造りや手触り、めくりやすさからも文具への愛情が伝わってくる、ぬくもりにあふれた一冊。中紙は無地のものを用い、無線綴じ上製本で仕上げられている。100枚200頁1500円

FABRICノート　AIUEO

京都のアトリエで活動する雑貨ブランド［AIUEO］のお店にはカラフルな文具が並ぶ。1冊1冊丁寧に製本された布張りのノートは、中紙はやや黄味を帯びた厚めでめくりやすい紙を用い、太めのしおりもかわいい。ほかにも鳥や動物、丸窓の柄があり、おそろいの柄のペンケース等もそろう。B6判160頁1400円

おうちノート、まめノート　＊字路雑貨店

明治の町家と昭和の家をリノベーションした島原の［itonowa］の中に店を構える［＊字路雑貨店］。自らも制作活動を行う店主ますたにあやこさんのつながりから個性ある作家達の文具も集まり、それぞれのアイデアと感性がきらめく。豆本・豆ノートを手がける［豆本屋おさが］の豆本は上製本の確かな技術が光り、豆本への愛情が伝わってくる。めずらしい家型のノートも愛らしく、自身で手がける表紙のイラストもおしゃれ。少し大き目の「ひめノート」もそろう。おうちノート800～1000円、まめノート（中紙は無地）650円（税込）

オリジナルカバーノート　アンジェ

［アンジェ］は「上質な暮らし、美しいデザイン」をテーマとし、日本・北欧をはじめとした世界中の優れた文具等が集められている。このノートはカバーは［fourruof］、ノートは［美篶堂］とのコラボレーションによって生まれたノート。ペーパークロスという使うほどに味の出る紙を表紙とし、万年筆で書きやすいよう厳選されたノートと組み合わせている。ノート部分が別売りされているから、カバーをセットして長く使うことができて便利。B6判152頁2000円、A5判152頁2280円（別売りノートB6判700円、A5判780円）

present

ペンブック　コトリ設計事務所

京都御苑の東に位置する建築設計事務所におしゃれな生活雑貨の店を開設する［コトリ設計事務所］。建築士ならではの視点の雑貨も並び、オーストリアの画家フンデルトヴァッサーに関するめずらしい文具が目をひく。表紙をめくると、紙がペン型に切り抜かれていて、そこにペンを収納するというユニークなしくみ。1500円

75

手製本ノート　Ileno

「思いを綴る」「思いを繋ぐ」をテーマとする[Ileno]のノートはエッジや溝がしっかりと入った丁寧な造りとなっている。見返しや花布に至るまでのデザインが徹底されていて、1冊1冊から手仕事のぬくもりや文具に対するきめこまやかな愛情が伝わってくる。レトロシリーズやゴールドシリーズ等の工夫を凝らして錆びた味わいを醸し出した表紙や海外のおしゃれなコラージュの表紙等、ストーリーを想像させる魅力的なノートがずらり。イタリアの紙の老舗[ROSSI]の紙を用いたノートも誕生し、クラシックな意匠や色刷りの独特のきらめきが[Ileno]の手製本と見事に調和している。時期によって変わる柄も楽しみ。擦れたり汚れたりしても繰り返し使い続けてほしいという思いから表紙の張り替え等も行い、好きな表紙を選んだり思い出の写真を表紙に用いたりする等「伝えきれない愛を紡ぐ」自分だけのノート作りができる。紙の種類・デザイン・書体等を選ぶことができる便箋の名入れ等も手がけている。上段：ROSSIシリーズ各A6判・約130頁　各1741円、下段左頁：レトロシリーズ　アンモナイト・スタートレイン・STATION各A6判・約130頁　各1741円、下段右頁：グレース・ヴィンテージシリーズ　ハンチングおじさん/チェック・クラシックシリーズ Time 各Rサイズ・約140頁 2482円

ROSSIシリーズ

レトロシリーズ

かきとめる

present

ROSSIシリーズ

ヴィンテージシリーズ　　　クラシックシリーズ

コトコト手帳、和綴じメモ、
四季 和綴じ本セット　尚雅堂

和文具の[尚雅堂]では、ノートや和綴じ本も作り出されている。上製本ノート「コトコト手帳」は12種の京都らしい京友禅紙の表紙が華やか。昔ながらの和綴じ製本で小さ目に手加工で作られた「和綴じメモ」は、ミシン目が入っていて1枚ずつちぎることができて便利で、雅やかな京友禅紙とシンプルなタントがそろう。ポケットサイズの和綴じ本3冊を箱帙に収めた「四季 和綴じ本セット」は手漉きの色楮紙を用いた表紙や手間のかかる麻の葉綴じが美しく、春夏秋冬をイメージした色味で組み合わせている。コトコト手帳128頁1300円、和綴じメモ280円、四季 和綴じ本セット3冊帙入5300円

かきとめる

アンティークノート、古布画帖、黒谷和紙和綴じ帖
紙司 柿本

弘化2年(1845)創業の老舗の紙屋［紙司 柿本］では多様なノートが作られている。特殊技法で草木染めされた手漉き紙で作られたアンティークノートは、その存在感ある厚めの裏うつりしない紙ときめこまかい手触り、自然の風合いに驚嘆。シープスキン柄と菱柄の大・小がそろう。窓枠から美しい古布の柄が覗くオリジナル「古布画帖」は、薄い生成色の紙で墨付きがよく、御朱印帳等にも使うことができる蛇腹仕立て。染めの風合いが美しい和紙を表紙とした綴本や「久留米絣和綴本」もある。左から、アンティークノート1500円、古布画帖12山1800円、黒谷和紙和綴じ帖(大)3200円

和雑記帳　鈴木松風堂

明治26年(1893)創業の紙雑貨の老舗［鈴木松風堂］には型染紙を用いた文具がずらり。蛇腹仕様の和柄のノート「和雑記帳」は、社寺の御朱印を集めたり、写真アルバムやご芳名帳にしたり、多様に使うことができて重宝。800円

和綴じノート　文學堂

［文學堂］は和綴じ製本をはじめとして、文学をテーマにした文具がそろう。夏目漱石や太宰治、宮沢賢治、坂口安吾等、今もなお愛され続ける日本の文豪による物語の世界観が文具の上でモダンに表現され、抽象的なデザインも秀逸。スタイリッシュな中にも思わず笑みがこぼれるような温かさが感じられ、物語に思いを馳せ想像力を掻き立てられる。昔ながらの和綴じ本は、表紙に作品をイメージした図柄を用い、表紙に合わせた色の糸で綴じられ栞が付けられたもの。左から、「太宰治 人間失格（二）」、「夏目漱石 二百十日」文庫本サイズ 各160頁700円

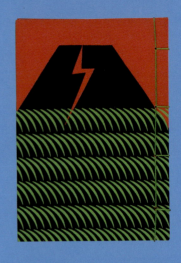

和綴じ本帳面　kitekite

京都の老舗アパレルメーカー青野株式会社が展開する［kitekite］は、京都・二ノ瀬にある日本庭園「白龍園」や京都の町並、風景からインスピレーションを得たTシャツブランド。町家をリノベーションした店内には、日本製にこだわり山に住んでいる生き物・植物・水・風・京をモチーフとしたTシャツや雑貨が並ぶ。日本の伝統色とグラフィックデザインが組み合わされたオリジナルの布地を用いた文具も作られ、職人が伝統的な技術で仕上げた和綴じ本にも白龍園の庭を表現した柄があしらわれていて、和本との相性が抜群。ほかに、たけのこ柄・ねこ柄・和傘柄と和モダンな柄がそろう。いしころ50頁1000円

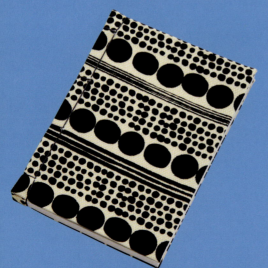

木版和綴じノート　芸艸堂

日本唯一の手摺木版和装本出版社［芸艸堂］ならではの、手摺木版の表紙で仕上げたノート。臙脂・紅梅・青緑・柳・茄子紺・銀鼠といった日本の伝統色を用い、古典柄の菊の文様が和紙に摺られ、京都の和綴じ職人の手によって1冊1冊、手作りされている。44頁1800円

和綴じノート　辻徳

懐紙専門店［辻徳］では、お茶席のみならず日常で様々に懐紙を使う方法を提案している。文具として用いることもできて、懐紙ならではの自在な形での文具の可能性も魅力。懐紙で作られたという和綴じノートにも驚嘆させられる。1800円

和綴じノート　柚子星堂

デザインや印刷を手がける［柚子星堂］では和綴じノートも制作している。めくりやすい辞書用紙を用い、手作りの和綴じで一冊一冊仕立てられ、物づくりや文具への思い入れが感じられるノート。80頁550円

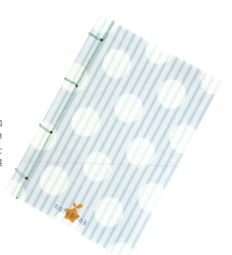

家来帖　尚雅堂

昭和39年(1964)に創業し、和紙を用いた文具で知られる[尚雅堂]では、色紙や和本帖で培った職人の技術を活かし、現代の生活に融合する紙製品を提案し続けている。中でも、これは366日の日付が記されていて、家族の出来事を綴るという新しい形の和の日記帳。月日のみが書かれているから長く使うことができて、年ごとに新調していくこともできる。子供の成長記録にしたり、写真を貼ってフォトアルバムとして使ったり、おもたせ等の記録をつけたりできるから、これから結婚生活を始める方へのお祝いにもふさわしい。日本古来の蛇腹状に仕立てられた和本に吉祥紋がモダンに配され、端正な美しさが漂う。巻末には、暦や二十四節気、五節句、賀寿、祝祭日等を記載。5800円

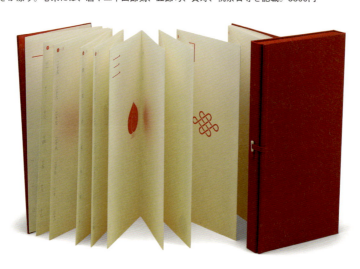

吉帖　裏具

デザイン事務所が手がける[裏具]から生まれた記念日手帳。月日が記されていて、家族や友達の誕生日や記念日をかきとめることができる。その名からもお祝いの気持ちが伝わってくる「吉帖」は、結婚等の新生活の贈り物にも最適で、大切な日を忘れることなく過ごすことができるすぐれもの。誕生花や誕生色、賀寿一覧も記されているから贈り物を考える時にも役立つ。新しいデザインによるモモとソラの美しい色の表紙の吉帖も誕生。シンプルな素材感の朱・白・柳葉色の表紙のものもある(各3500円、桐箱入4500円)。各23折　桐箱入　モモソラ10100円、紅白　8500円

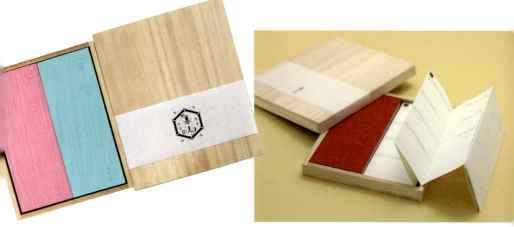

かきとめる

豆折本　鳩居堂

[鳩居堂]の「豆折本」は、縦5センチ・横3センチという愛らしさで多くの人の目をひきつけている。かわいい表紙の和柄に加え、昔ながらの蛇腹様式が雅やか。メッセージをしたためたり、献立を記したり、切手を貼って集めたりと、使い方を考えるのも楽しい。各7折300円

本のアトリエAMU

[本のアトリエAMU]では製本家の中尾あむさんが角背上製本、和装本、豆本や様々な箱の制作・修理を手がけ、各地で本や御朱印帳・箱等のレッスンも開催。筆箱等も、カルトナージュや日本の貼箱等とは全く違う、本を収める箱の製法によって作られ、その技法は本だけでなくメモ付名刺入れ等、様々な文具に生かされている。取り出しやすさを考えた切手入れ等、実際の生活シーンでこういう文具があればという思いから生まれる美しさと実用性を兼ね備えた文具は、確かな技術・丁寧な手仕事と発想が光る逸品ぞろい。製本家として名高い母親のエイコさんが手がけるマーブル模様の紙も華やかで気品がある（副講師を務める[本のアトリエEIKO]から出品した作品は、フランス国際製本ビエンナーレ学校部門の第1位を受賞）。着物の着付けを自身のイラストで描いた豆本も便利で、各国の衣装を描いた蛇腹の折本も愛らしく、ファッションと文具の融合が楽しい。通常のサイズの本の造り方と同様に作られ、小さな箱の中に収められた豆本の精緻な造本にも驚嘆させられる。豆本のアクセサリー等はアトリエでも購入でき、ワークショップや出店の情報等はホームページ参照。

「豆本の入った箱のブローチ」
2000円

「筆箱（縦型）」
2800円

「切手箱」
2500円

「御朱印帳」
2700円

「名刺ファイル」
2500円

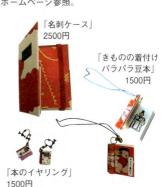
「名刺ケース」
2500円

「本のイヤリング」
1500円

「きものの着付け
パラパラ豆本」
1500円

shuin-cho

A. SOU・SOU 高山寺の国宝「鳥獣人物戯画」と［SOU・SOU］のポップなテキスタイルのコラボレーションで生まれた御朱印帳。京都の社寺めぐりに似合う。和綴じ製本の2折仕立て。雲間と鳥獣戯画 32頁1000円

B. kitekite 京都・二ノ瀬の日本庭園「白龍園」からインスピレーションを受けて生まれたTシャツストアの御朱印帳。このたけのこ柄も白龍園で育ったたけのこをポップにデザインしている。職人が手作りした鮮やかな布貼の製本が魅力で、中紙は多くの社寺で用いられているものと同種類の和紙を使用。ほかに、いしころ・ねこ・和傘の柄がある。40頁1900円

C. BOX&NEEDLE 京都の老舗紙器メーカーが展開する箱の専門店が、京都の友禅工房で手摺りされたオリジナルペーパーを表紙に仕上げた御朱印帳。手彫りの版でデザインされた模様が数字になっているのが芸術的で、ポップなピンク地に浮かび上がるような黄色が輝きを放っている。京都の職人によって1冊1冊製本され、蛇腹状の中紙は厚くて丈夫な奉書紙が用いられていて、裏うつりの心配もなし。48頁1600円

D. 楽紙舘 様々な紙がそろう［楽紙舘］から誕生したオリジナル御朱印帳。表紙にロクタという木から作られたロクタ紙という手漉き紙、中紙に奉書紙を用いていて、和紙の手触りや風合いと金の刷りによる現代的なデザインが和洋折衷の美しさを醸し出している。表題シールが付いているから、社寺の御朱印を集める他にタイトルを付けて様々な用途で使うことができるのがうれしい。ロクタ紙御朱印帳24山48頁1800円

E. 山本富美堂 明治5年(1872)に創業した書画用品・和紙工芸品の老舗［山本富美堂］には様々な折紙や書道用品のほか、御朱印帳もそろう。昔ながらの職人技によって丁寧に仕上げられた製本が美しい。900円

F. 嵩山堂はし本 和の遊び心がつまった文具が多様にそろう人気の文具店から和モダンな愛らしい御朱印帳が生まれた。紋様の中に配されているうさぎがかわいく、はんなりとした優しい配色が気持ちを明るくしてくれそう。梅うさぎと菱型うさぎの2種がある。10山1800円

G. のレン 様々な和雑貨を企画する［コラゾン］が展開する祇園の［のレン］は御朱印帳も豊富。和紋のレトロフラワーシリーズの御朱印帳が美しい。レトロフラワー 御朱印帖1800円

H. 莇軒 京都らしい雑貨のおみやげが様々にそろう［莇軒］の御朱印帳。昔ながらの御朱印帳がモダンな文様によって現代的に表現されている。1800円

I. 紙匠ぱぴえ 女流作家とのコラボレーション文具を企画するプロダクトから生まれた御朱印帳。食器のデザインで人気のSubikiawa.によるイラストがあしらわれた表

かきとめる

D

E

F

G

L

M

N

紙が楽しい気分にしてくれ、赤いバンドもアクセントに。ほかにコトリホール、喫茶リボン、ネギ、レモンの柄がそろう。織バンド・名前シール付1300円

J. 美術はがきギャラリー 京都 便利堂　アートのある生活を提案する老舗から生み出された御朱印帖「ALBUS」は、昔ながらの蛇腹の製本が現代的な洋風のデザインで仕上げられているのが魅力。「あたらしい"ふつう"を提案する」Re:S（りす）とのコラボレーションによって生まれ、ラテン語で白いという意のALBUSはアルバムの語源で、その名の通りアルバムとしても自由に使うことができる。折本は別売りされているからさしかえて長く使うことができて、ケースやループバンドのデザインもスタイリッシュ。50面3334円

K. プティ・タ・プティ　テキスタイル・プリンティングディレクターの奥田正広さんとイラストレーターのナカムラユキさんによる［プティ・タ・プティ］の御朱印帳。紙のコラージュが生み出すテキスタイルが奥深い味わいを醸し出し、しっかりとした御朱印帳と調和。板の重なりを想わせるこのル・ミュールというテキスタイルは壁という意をもつ。厚めの丈夫な紙が蛇腹状になっていて、レトロなゴムバンドとも調和。ル・ミュールには、シャーベットクリームとブルーの色があり、他にもロワゾやレ・フルール、レ・フィユ、レ・モンターニュの柄があ

る。2600円

L. やま京　［やま京］は大正時代に紙専門店として創業し、昭和から文具も扱い、南座の役者にも愛されてきた老舗。伏見の［鴨川堂］の御朱印帳等、多様な和文具が充実しており、ハートの模様の愛らしさと和の折本の風情が融合した御朱印帳が人気を博している。他に舞妓さん御用達の手漉きのちり紙、ラッキー手帳と勝神ペンのセット等も販売。2000円〜

M. 和詩倶楽部　和紙を用いたモダンな紙工品を展開する［和詩倶楽部］には御朱印帳も様々な柄がそろう。この「迎兎」は、いちごちゃんといちえちゃんという兎の絵柄で一期一会を表し、御朱印と共に幸せを運んできてくれそう。ほかに、彩り七宝やハートなどかわいい吉兆柄がある。表題シール・手引付1900円

N. 福井朝日堂　日本の伝統をモチーフとした文具が充実している［福井朝日堂］の名画御朱印帳は平安時代の王朝文化を想わせる艶やかさ。日本の歴史的な名画をあしらい、当時の調度品のようなきらびやかな表紙は、御朱印を集めた後にたたかけて飾っても見応えがある。勧進帳、洛中洛外図屏風、藤娘などの柄もあり、アドレス帳や電話帳、フォトフレームも名画を施した雅やかなものばかり。1800円

A

A. 尚雅堂　和紙の専門店[尚雅堂]の多様な文具の中でもとりわけ人気を博している友禅朱印帖「goen」。表紙に京友禅紙、裏表紙にはタント紙が用いられ、様々な品格漂う文様が蛇腹式製本の佇まいと融合し、社寺の厳かな雰囲気にも調和。他には、御朱印帳と和綴じ本が鞄に収められた「一期一会」もある。友禅朱印帖 goen 20柄 各1300円

B. 鈴木松風堂　遊び心いっぱいの数々の紙製品を制作している[鈴木松風堂]には、めずらしい京都の都七福神まいり御朱印帳が。都七福神まいりの社寺への地図やアクセスが載っていて、これ1冊持っていれば都七福神まいりができて御朱印も集まるのがうれしい。1月中から毎月7日に回るとよりご利益を授かるといわれている。1200円

C. 新京極商店街　観光客でもにぎわう新京極商店街は、豊臣秀吉が寺町通に寺院を集めたことに由来し、優れた仏像や歴史ある社寺が密集している。その新京極8社寺の御朱印を1冊に集めることができる御朱印帳も誕生。京都新京極御朱印めぐりとして推進され、8社寺のイラストシールを貼って自分好みの御朱印帳を作ることができるピンク版と、商店街の町並みを描いたブルー版が作られ、8社寺案内地図と8社寺フォトブックも付いている。寺院の住職でもある京都のイラストレーター中川学さんのイラストが秀逸。13折1500円

D. 光村推古書院　京都でデザイン・捺染を行うkoha*さんが御朱印帳のために制作したファブリックを表紙に用いている。発色が鮮やかで、上質なコットンの手触りも心地よい。この「いつか来た道 夕焼け小焼け」のほかに「いつか来た道 散歩しようよ」「ねこねこじゃらし クロとノラ」「ねこねこじゃらし シロとタマ」がそろい、御朱印帳ケースも発売予定。ご朱印帖 各48頁1800円

E. カクカメ　がまぐち職人の小西美樹さんの手がけるがまぐちは驚くほど丈夫で開きがよく、確かな技術と丁寧

かきとめる

な手仕事が光る。ユニークな「食パンがま6枚ぎり」は御朱印帳入れにぴったりのサイズでさっと取り出せ、薄型だからそのまま本棚に収納することもできて便利。［カクカメ］オリジナルのキュートでモダンなデザインで作られた西陣織のがま口もオーダーメイドできる。柄は変更あり。4000円

F. 椿-tsubaki labo-KYOTO　光村推古書院発売の御朱印帳の表紙も手がけるkoha*さんのテキスタイルで作り上げられた手帳ポーチ。ファスナー付きの新しい形の御朱印帳ケースとして使うことができて、神社用と寺院用の2冊の御朱印帳や『京都手帖＋（プラス）』(92頁)がさっと収納できるのがうれしい。きらめく花々が美しい「秋七草」や上品な「松虫草」、シックな「えのき」の柄がそろう。koha*手帳ポーチ3700円

87

京都の社寺では、芸術品のような優れた御朱印帳が数多く授与されている。御朱印帳や御朱印の種類が複数ある社寺も多く、例えば大覚寺では龍頭や牡丹の絵があしらわれた御朱印帳が華やか。御朱印帳を眺めながら、それぞれの社寺の宝物や景色を思い浮かべるのも一興。

西院春日神社　2000円

護王神社　1700円

石清水八幡宮　1500円

白峯神宮　1500円（御朱印込）

東寺　1300円

妙心寺　1800円

建仁寺　風神雷神朱印帳
1400円（御朱印込）

建仁寺　雲龍朱印帳
1400円（御朱印込）

晴明神社　2000円

大覚寺　1800円（御朱印込）

大覚寺　1800円（御朱印込）

北野天満宮　1500円

かきとめる

［建仁寺］の風神雷神図 紙袋
300円

［妙心寺］の
御朱印帳
のケース

［廬山寺］の
朱印帳入れ　1000円

市比賣神社　2000円

宇治神社　1000円

仁和寺　二王門刺繍 御朱印帳
1200円

平安神宮　1200円

東福寺　1500円

神泉苑　1200円（御朱印込1500円）
（紺色もあり）

本能寺　1800円

［宇治上神社］の「花朱印」

＊88・89頁では税込価格を記載しています。

schedule book

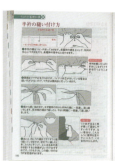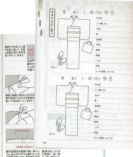

りんりん着物手帳　井澤屋

[井澤屋]は慶応元年(1865)に創業し、祇園で舞妓さんや芸妓さん御用達の和装小物がそろう老舗。井澤屋が企画したオリジナルの「井澤屋ごのみ」のシリーズも品があり、井澤屋ならではの着物手帳が生まれた。表紙にはオリジナルガーゼ等にも用いられている「りんりん」の柄が優しい表情を湛え、着物の基礎知識から美術館、日本の伝統色や節気等、情報が満載で、着物の好きな人はもちろん京都好きな人にも役立つ。観光地図付きの井澤屋読本も添えられた充実のスケジュール帳。平成28年(2016)度版は完売。次年度版は秋頃の発売予定。価格は未定。

ノート スケジュール付き　プティ・タ・プティ

[プティ・タ・プティ]はテキスタイル・プリンティングディレクターの奥田正広さんと、イラストレーター・文筆家のナカムラユキさんによる京都発のテキスタイルブランドで、スケジュールノートにも紙のコラージュ作品をもとにしたオリジナルテキスタイルが用いられている。12頁の月間スケジュールの後は5mmの方眼ノートになっていて、書き込むことの多い人には理想のノート。日付も書き込む方式だから、いつからでも長く使うことができる。子供の頃の記憶のれんげ畑をイメージしたというこのレ・フルールのテキスタイルは花びらの重なりや色味が鮮やかで、ほかのロワゾ、ル・ミュール、レ・モンターニュの柄も美しい。B6判 月間スケジュール12頁・方眼48頁2600円

スケジュール帳　Ileno

手製本ノート[Ileno]のスケジュール帳は、手帳らしいレトロな雰囲気に包まれ、豊かな発想とこだわりが詰まっていて、自分で作り上げていくようなスタイルも斬新。巻末の自分への手紙セットに加え月初めに夢を描く頁もあり、夢がかなったという報告もあるそう。イタリアの老舗[ROSSI]の表紙もそろい(月により変更がある)、毎年のIlenoらしい新たな柄も楽しみ。表紙を選んだり自分の写真で作ってもらったり、名前やメッセージを入れてもらうこともできる。ウィークリー頁のタイムライン記載も使いやすい。ROSSIシリーズ B6判 透明カバー付き3426円

かきとめる

元素手帳　化学同人

月刊誌『化学』をはじめとした自然科学関連の書籍を刊行する出版社［化学同人］から生まれた異色のスケジュール帳。化学同人刊行の『元素生活』の中のキャラクターが登場し、元素にまつわる情報や科学者の名言が掲載されている。あちこちに現れるユーモラスなキャラクターが気持ちを和ませてくれそう。誕生石が載っているのも役に立ち、ポケット付きのビニールカバーや元素キャラクターの特製シールも付いている。Ｂ６判192頁1000円

古布のスケジュール手帳　おはりばこ

髪飾りやかんざしをはじめ様々な和雑貨を手がける［おはりばこ］によるスケジュール帳は、古布で仕立てられた一点もの。大正時代末期や昭和初期の正絹の古布に加え、遠州綿紬の柄も登場し、裏地をつけて丈夫に仕立てられていて、昔の着物の斬新なデザインをまとった手帳をもつことができてうれしい。正絹の組紐で作られた兎の押し絵つきの栞も愛らしく、机上を彩ってくれる。東京と関西の路線図も掲載。持っている生地で作ってもらうこともできる。仕様は変更あり。3000円

91

コンパクトダイアリー　アンジェ

海外メーカー等の優れた文具が集まる[アンジェ]のオリジナルでスマートなスケジュール帳。長年、人気を集めてきた手帳をオリジナルのスケジュール帳として復刻したもので、ポケットに入るスリムさやメモ頁の多さがビジネスシーンで使いやすい。デザイン性と機能性を兼ね備えている。平成28年(2016)用は完売、平成29年(2017)用も販売予定(時期・カラー等、調整中)。900円

京都手帖、京都手帖＋　光村推古書院

毎日の京都の行事がスケジュール欄に記載され、京都の[竹笹堂]による木版画があしらわれた京都ならではのスケジュール帳。年々バージョンアップして10年目を迎え、駐輪場の情報等、京都で過ごすのに役立つ情報が増え、週間カレンダーに時間軸も加えられて、より役立つ一冊に仕上げられている。社寺の拝観情報や三大まつりのルートマップ等の地図も充実し、季節ごとのコラムにも店やおみやげ等、京都のくらしにまつわる情報が満載。切り離すことのできるミシン目入りのメモ頁も役立つ。京都限定の表紙や、より多く書き込みたい人には「京都手帖＋(プラス)」もあり、記録帳のように出来事等をかきとめるノートとしても重宝する。ビニールカバー巻・ポケット付、上から、タテ182mm×ヨコ128mm 192頁1200円、タテ210mm×ヨコ148mm 224頁2000円

かきとめる

telephone book

電話おぼえ　福井朝日堂

日本の文化を紙上で表現し、日本らしい伝統的な文具が人気を博している［福井朝日堂］。その種類は、はがきやぽち袋からフォトフレームやトランプと多種にわたり、屏風等にも用いられている歴史的な名画が電話帳にもあしらわれ、ふっくらとした形が玄関先等のインテリアとしても華を添えてくれる。生活の中に日本の芸術を取り入れることができて、実用性も兼ね備えた京都らしい逸品。
1200円

友禅 見開電話帖　鳩居堂

寛文3年(1663)に薬種商として創業した［鳩居堂］は、お香、書画用品、はがき、便箋、金封、和紙製品の専門店として親しまれてきた。様々な和文具がそろい、昔ながらの電話帖も友禅の揉み紙で仕立てられ、和の情緒を添えてくれる。
900円

writing item

鉛筆シャーペン、ボールペン
京都国立博物館ミュージアムショップ

［京都国立博物館ミュージアムショップ］には京都国立博物館文化財保護基金グッズも並び、売り上げの一部が寄付となり、文化財の収集、保存、修理に役立てられる。その中の一見すると鉛筆のようなシャープペンシルとボールペンは、どちらも昔ながらの鉛筆の六角形が持ちやすく、木製の造りと基金ロゴのハートマークにぬくもりが感じられる。シャープペンシルは消しゴムを押すと0.5ミリの芯が繰り出されて使いやすい。他に基金のPR大使（見習い）トラりんのクリアファイルやルーペ、一筆箋、ぽち袋等もそろう。各450円

友禅鉛筆筆入れ　紙匠ぱぴえ

［紙匠ぱぴえ］には、［表現社］によって作り出された京都らしい文具がそろう。雅やかな友禅紙で巻かれた鉛筆と、鹿の子の柄のケースに入った消しゴムのセットは、筆入れとしてそのまま使うことができて、おみやげ等にも人気。鉛筆6本・消しゴム1個入700円

名言鉛筆、消しゴム　文學堂

日本の誇る文豪達の名作を和綴じノート・筆記具・筒型ペンケース等の文具上で蘇らせる［文學堂］。筆記具にも文学作品のイメージがモダンに表現され、鉛筆と消しゴムがそろう。消しゴムのケースには作品の絵柄があしらわれ、2Bの鉛筆には作家ごとにそれぞれの作品から名言が採録されていて、勉学の励みになりそう。左から、「宮澤賢治」5本入800円、「太宰治　人間失格」3個入600円

オオさんショウさんノック式消しゴム
京都水族館ミュージアムショップ

京都ならではのオオサンショウウオの生態をふまえた展示等が人気を博している［京都水族館］。ミュージアムショップには、かわいいオオサンショウウオのキャラクターをモチーフにした文具もずらりと並ぶ。ノック式の消しゴムは、シャープペンシルを持っている感覚で細かい所まで消しやすい。270円(税込)

TRAVELER'S FACTORY×KEIBUNSHA ブラスペンシル
恵文社一乗寺店

個性的な選書で人気を集める［恵文社一乗寺店］では文具も充実し、ステーショナリーの名店とのコラボレーションアイテムも誕生。トラベラーズノートをはじめとしてオリジナルプロダクトや旅の本を扱う［TRAVELER'S FACTORY］とコラボレイトした鉛筆ホルダーは、ルイス・キャロルの言葉「You can make anything by writing」が印刷されている。消しゴムが付いているのが便利で、短くなった鉛筆もこれを使えば長く使うことができ、使わない時は中に入れてキャップを閉じて収納できるというアイデアにあふれた一品。1600円

必勝鉛筆　石清水八幡宮

貞観元年(859)に鎮座し、応神天皇・比咩大神・神功皇后をまつる［石清水八幡宮］は国家鎮護、厄除開運、必勝・弓矢の神として信仰を集めてきた。源氏をはじめ武士の守護神として崇められてきた神社のご祈祷がなされた鉛筆を使えば、スポーツ・受験・就職など勝負事必勝の神様が勉学の向上や合格へと導いてくれそう。カラフルな3本の鉛筆に合わせた丸いフォルムのキャップも勉強が楽しくなりそうなポップなデザイン。3本・キャップ付500円(税込)

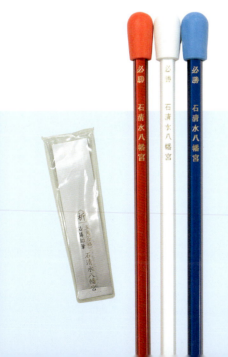

左頁：ぴょんぴょん堂　右頁：和工房包結

3.
たずさえる

perfumed insert

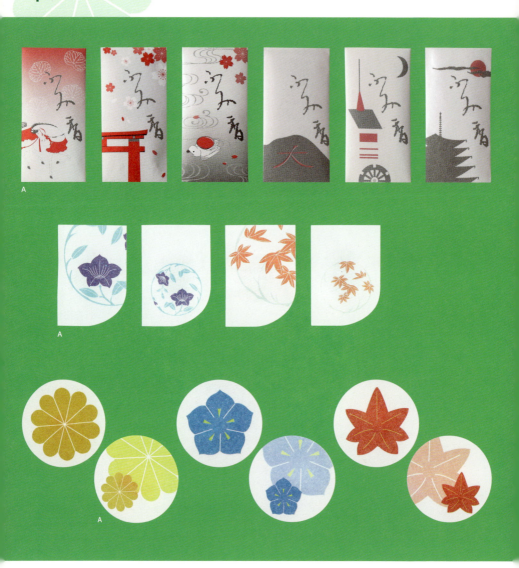

[山田松香木店]には和綴じ本をかたどった匂い袋も並ぶ

A. 山田松香木店　明和年間(1764〜1772)に始まった老舗の香木店[山田松香木店]では香りにまつわる現代的な製品も生み出されている。文香にも様々なデザインがそろい、とりわけ小さな長方形の中に表現された「京の風物詩」の絵柄がモダンで愛らしい。月ごとの花々をあしらった「花京香」や四季の花を家紋のようにかたどった文香も、京都らしい季節感が漂っている。「王朝シリーズ」の

文香は童子や姫君が描かれ、平安時代の香りの文化を想わせる雅やかさ。京の風物詩 春・夏・秋・冬 各3個入300円、露桔梗・彩紅葉 各2個入300円、花京香 桔梗・菊・紅葉 各300円、王朝シリーズ4個入400円

B. 薫玉堂　文禄3年(1594)に創業し、西本願寺前に店を構えるお香の老舗［薫玉堂］には、老舗ならではの本格的な香りを生かした文具も並ぶ。「ふみ香 京づくし」には、京都の名所が色鮮やかに愛らしく描かれ、お手紙に添えると封を開ける瞬間に奥ゆかしい香りと共に楽しい京都の雰囲気が漂う。西本願寺にまつわる「お西さん」や「どうぶつ」「くさばな」の絵柄があしらわれた文香も美しい。8個箱入1200円

A. 嵩山堂はし本　昭和28年(1953)に創業した和文具の専門店［嵩山堂はし本］には、風流で愛らしい文具がずらり。文香にも様々な形があり、現代的な「ばらの手提げ袋」といったおしゃれな一品も並ぶ。桃の節句が近づくと、玉手箱の袋からお雛様の文香がかわいく登場。贈り物にもぴったりで、差し上げる方に喜ばれそう。そうした風物詩をあしらったシール等もそろう。おひなさま3枚入900円（文香の柄は季節により変わる）、文乃香　ばらの手提げ袋5個入900円

B. 香老舗　松栄堂　宝永2年(1705)創業の［香老舗 松栄堂］にはお香だけでなく香りを用いた優れた文具も並ぶ。友禅染和紙を袖の形にかたどった「京小袖」は、香の老舗ならではの上品な香りが漂って手紙等に和の情緒を添えてくれて、様々な絵柄が美しい。しおりの形に仕立てられた「楚々」は、中にしのばせた薄い板状の匂い香がほのかに香り、しおりとしても使うだけでなく、手紙等に添えるとちょっとした贈り物がわりにもなる。左から、ふみか　京小袖3枚入600円、ふみか　楚々3枚入250円

C. 石黒香舗　にほひ袋専門店［石黒香舗］には、様々な愛らしい形のにほひ袋が並び、手紙等に添えることのできる小さなにほひ袋も作られている。千代紙で作られた「しのばせ香」は、和柄のデザインがモダンで、色々な大きさのものが入っているから、お財布にしのばせたりぽち袋に入れたり多様に使うことができてうれしい。5枚入700円

D. きゃろっとたうん　ハンドメイド雑貨店［きゃろっとたうん］には様々な作家による手作りの作品がずらり。［アトリエfunfun］による文香は、トレーシングペーパーを重ねて切り取ることによってかたどられた花々が楚々とした表情を湛え、手作りならではの繊細美が漂っている。手紙に添えると、よい香りとあいまって上品な趣。

600円～

E. ギャラリー遊形　老舗の旅館［俵屋］で実際に用いられている品を購入できる［ギャラリー遊形］。文具に至るまで日々の暮らしを豊かにしてくれるものがそろい、俵屋主人の考案した文香は和の情緒にあふれている。手紙などにしのばせれば、封を開けた時に昔ながらの玩具等をかたどった文香が現れて、和紙の風合いや優しい香りとあいまって心を和ませてくれそう。便箋セットにもこれらの文香の中の１つが添えられている。「今様鳥獣戯画」の文香もほのぼのとした動物達の姿が愛らしい。玩具尽くし６個入953円

F. 浅井長楽園　［浅井長楽園］では友禅染の型紙を用いて和紙を染める型染め和紙を手がけ、それらを用いた様々な和文具を作り出している。200種類以上もの柄と20色以上の色があり、文香にはそれらの紙が組み合わせられ、手間暇かけて出来上がる型染めの風合いや日本色の色味が美しい。におい袋用のお香が包まれていて、３センチ四方の中に凝縮された型染めの世界を楽しむことができる。１枚132円、５枚セット660円

［石黒香舗］

envelope

A. 和工房包結　京都を拠点に活動する水引作家の森田江里子さんが主宰する水引工房［和工房包結］で手作りされているオリジナルの御祝儀袋は、昔ながらの水引のきらめきと今までにない斬新な形を作り上げる技に驚嘆させられる。人気を集めている鯛の水引細工の御祝儀袋を大きくし、つがいの鯛がより結婚祝にふさわしい「プレミアム寿ご祝儀袋」は、立体的な鯛の存在感が華やかな逸品。まるみを帯びた形の鯛が愛らしく、水引で表現された寿の字や和紙の風合いも雅やか。「幸福な家庭」「尊重と愛情」等の意のいちごをかたどった「ご祝儀袋　いちご」等も、新しい形の中に古来の日本の礼を重んじる気持ちや愛情が込められている。「あわび返し」「もろわな」等の御祝儀袋も端正な美しさ。2000円

B. 水引館　［水引館］では、手づくりの水引にさらに一番細い水引を巻いた最高級の京水引を用い、立体的な水引飾りをあしらった手作りの御祝儀袋等を扱っている。御祝儀袋は多様な形の立体的な水引飾りがあしらわれ、長年、水引細工を手がけてきた職人による特殊な折り方の技が光り、芸術品のような形に驚嘆。動物をかたどったユニークなものやハートの形、季節の花々等、現代的なデザインのものから昔ながらの京水引工芸品に至るまで多数の品々がそろう。トランペットの形の水引飾りをあしらったものは、結婚祝いや音楽関係のお祝いにぴったり。左から、トランペット（ハートと音符付き）14000円、寅（虎）大9000円、桔梗14000円

C. SOHYA TAS　弘治元年（1555）創業の京友禅の老舗［千總］が明治・大正時代に作成した友禅柄をアレンジした小物を展開する［SOHYA TAS］。ストールやアクセサリーの他、和の文具も並び、水引作家・森田江里子さんが主宰する水引工房［和工房包結］の愛らしい御祝儀袋が現代に根付く和のシーンをモダンに演出。左から、800円、600円

D. 尚雅堂　和紙を用いた文具を手がける［尚雅堂］には、正統派の御祝儀袋から日常でも使いやすい金封、ぽち袋までそろう。京都の水引祝儀用品の老舗［水引元結 源田］とコラボレーションした御祝儀袋は、水引を作り続けてきた老舗による京都の伝統が受け継がれたもの。近年少なくなってきた「ちりかけ」という水引の先に細かい輪を作る加工も施されている。モダンな柄の金封セット「寿」は越前和紙を使い、鶴・亀・富士の柄がシンプルに施されている。左から、大ちり1300円、小ちり800円、金封セット「寿」各柄1枚／3枚セット380円

E. 鈴木松風堂　明治26年（1893）に創業し、伝統的な型染の和紙を用いた紙製品等を手がけてきた［鈴木松風堂］。御祝儀袋にも型染の和紙や友禅紙が用いられ、紙の素朴な味わいと水引の凛とした美しさが調和して、あたたかみのある御祝儀袋に仕上げられている。800円

F. 紙司 柿本　[紙司 柿本]には華やかな気品を備えた手作りの御祝儀袋が並ぶ。着物の形に折られた内袋が収められた御祝儀袋はまさに着物のような艶やかさで、紐に付けられた松竹梅のモチーフにもお祝いの気持ちが込められた珠玉の品。立体的な金のリボンも華やかで、年始のお祝いに喜ばれそう。2000円

G. SOU・SOU　カードや文具、雑貨等を手がける[学研ステイフル]とのコラボレーションによって生まれた、[SOU・SOU]テキスタイルの金封。SOU・SOUのテキスタイルデザインが水引等の和文具ともポップに調和する。一筆箋が付いているからお祝いの言葉も添えることができるのがうれしい。各450円

H. 西村吉象堂　[西村吉象堂]は大正13年(1924)創業の老舗の漆器・工芸店。手作りの御祝儀袋も扱い、着物を表した内袋が京都らしく、丁寧に1つ1つ作られた手作りの味わいが伝わってくる。各500円

I. 京東都　日本の伝統「京都」と日本の今「東京」をかけあわせて名づけられた刺繍ブランド[京東都]では、京都の刺繍工房が「京都発、東京経由～世界行き。」の和モダンな刺繍製品を生み出している。和紙の金封にも直接刺繍が施され、縁起のよい柄のデザインが秀逸。富士山とお日様、たなびく雲もミニマムに表現され、奴凧は、お年玉等にもふさわしい。各918円

J. 和詩倶楽部　昭和45年(1970)に創業し、和紙を用いた紙工品の企画・製造を手がける[和詩倶楽部]には、様々な京都らしい吉兆柄や「そでのした」等の言葉があしらわれたのし袋、仏事用の金封等もそろう。5枚入800円

K. 嵩山堂はし本　昭和28年(1953)に創業した[嵩山堂はし本]には書道用品や和紙の文具が並び、御祝儀袋にも様々な工夫がこらされ、その斬新な発想と風流な感性に驚かされる。色々な文字入りの金封もそろい、鯛が描かれたカード入りのものは迫力満点。チケット入れ等にも使うことができるお財布のような横長の金封もめずらしく、季節によって、桜を全面に描いたカードの入った入学祝いの金封もある。上：春秋3枚入800円、下：左から、福寄せ800円、御祝 めで鯛900円

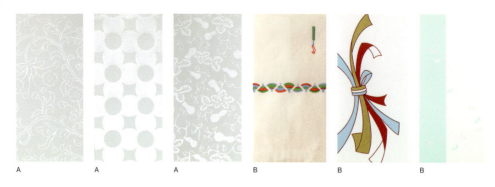

A　　　　A　　　　A　　　　B　　　　B　　　　B

A. KIRA KARACHO　唐紙屋［唐長］11代目の長女夫妻、トトアキヒコ・千田愛子氏が手がけるブランド［KIRA KARACHO］では、江戸時代より代々伝わる板木から生まれる数々の文様が多様な形に姿を変え、私達の目を楽しませてくれる。のし袋は縁起のよい文様が雲母で浮かび上がり高貴な雰囲気が漂い、輝く文様の見え方が微妙に移ろって繊細美に満ちていて、改まったお祝いにも喜ばれそう。左から、桜草唐草・南蛮七宝・瓢箪唐草3枚入756円(税込)

B. 鳩居堂　お香や文房四宝・書道用品のほか様々な文具が人気を集めている老舗の［鳩居堂］では、宝船や鶴等の水引細工が華やかな御祝儀袋から金封・ポチ袋まで品ぞろえが豊富。のしや縁起のよい文様の刷りが味わい深い、遊び心あふれた一般的なのし袋の他、はがき等でも親しまれているシルクスクリーン印刷の花々があしらわれた、のし無しの金封等がそろう。左から、5枚入600円、3枚入330円、3枚入330円、3枚入330円、5枚入600円

C. 大覚寺　平安初期に嵯峨天皇の離宮として建立された［大覚寺］。大覚寺の宝物をモチーフとしたおみやげも充実していて、オリジナル封筒には、大覚寺の文化財の牡

木版折型封筒『海路』　芸艸堂
明治24年(1891)に創業し、京都が誇る昔ながらの多色摺の木版技術を継承する［芸艸堂］ならではの封筒。［セレクトショップ 京］の折型封筒「心ばかり」から和紙を用い、外側には、明治35年(1902)に出版された神坂雪佳の「海路」の3図が抜粋されている。原版木を用いて手摺された京都の現代の摺師の技が光り、モダンな柄と木版摺による一枚の絵画としても美しい。折りたたむと封筒になり、内側に罫線が印刷されているからメッセージを書くことができる。3枚入2500円

封筒　聚落社
京友禅紙の職人が立ち上げ、紙と紙製品を手がける［聚落社］。友禅の技法を用いて紙を染めて現代に合わせた紙を作り、伝統的な友禅を現代的な文具へと昇華した品を生み出している。染め紙で仕上げられた封筒は、厚くて上質な紙が使われていて丈夫で、はがきもちょうど収まるサイズ。京都を主とした町工場と協力して作り上げられた文具。はがきを入れるのにぴったりな箱やぽち袋もそろう。3枚入540円

たずさえる

B　　　　B　　　　C　　　　　　　　　　D

丹図と野兎図が風流にあしらわれている。和の情緒が漂う縦型封筒は、茶道等のおけいこ事の際に用いたり大覚寺の一筆箋を入れてさしあげたり、様々に使うことができてうれしい。3枚入232円

D. 鳥居　京都の事業者が京都の素材や伝統技術を現代のデザインによって洗練させた品々を全国に発信するプロジェクト［あたらしきもの京都］のうちの一品。明治5年（1872）に神佛金襴法衣商として創業した老舗［鳥居］が同社考案の金襴緞子に裏打ち加工を施して紙と一体化して様々な商品を開発し、新たにこれらの封筒を作り上げ

た。ぽち袋、カード入れ、定型封筒、定型横長封筒、CD入れと多様な形がそろう。平成28年（2016）4月29日から7月22日までONO*春夏の企画展にて販売。http://ono-space.com/　左上から時計まわりに、972円、1080円、1026円、1188円、972円（税込）

Natsuko KOZUE 封筒　恵文社一乗寺店

本を中心として様々な雑貨も取り扱い、セレクトショップとしても人気の高い書店［恵文社］。日本画を学んだ後に型染めの技法も用いながら紙や布の作品を展開する京都在住の梢夏子さんが手がけた封筒も並び、芸術的な文様が自在な筆使いで生き生きと描かれ、鮮やかな発色とあいまって眼前に迫ってくる。明るい柄がちょっとした贈り物を入れるのにもふさわしく、手紙を取り出すときのわくわくする気持ちを高めてくれそう。上から、lullaby・forest・open各3枚入300円

paper pack window　AIUEO

6人のデザイナーによって多様な形の文具をつくりだす［AIUEO］。それぞれの個性があふれながらもどれも楽しげな雰囲気がありハッピーな気分にさせてくれる。封筒やぽち袋等も豊富にそろい、友達にちょっとしたメッセージや贈り物を渡すのにぴったり。5枚入260円

心付け袋、かくぽち　京かえら

［京かえら］はオリジナルブランド「花圃」から和小物を生み出し、オリジナルのデザインの着物や帯なども作っている新店。京都の老舗着物メーカー［小松屋］で約20年にわたって和装デザインを手がけてきたデザイナーが展開する粋な文具も並ぶ。壁一面には、由緒ある絵柄を用いた文具の他、昔ながらの言葉のおもしろさを生かしたのし袋やモダンな柄のぽち袋がずらり。「祝 政略結婚」等、どきっとする言葉や辛辣な言葉も迷ってしまうほど多数そろい、ケースに合わせて様々に選ぶのが楽しく、贈る相手の笑いを誘ってくれそう。好きな言葉をオーダーメイドで刷ってもらうこともできる。京都の名工にも選ばれた優れた友禅職人を擁し、驚くほど安価で着物のメンテナンスなどもしてくれて、和装にまつわる様々なことを整えてくれる店。1段目：心付け袋 のしタイプ各167円、右頁・中段：心付け袋 柄タイプ 各260円、2段目・左頁：かくぽち のしタイプ 各102円、左頁下：かくぽち 柄タイプ 各121円

かくぼちにも登場する雪だるまをかたどった和三盆も
好評で、かくぼち同様、好きな言葉を選ぶことができる。

A. ぴょんぴょん堂 [ぴょんぴょん堂]は大正9年(1920)から木版手摺り和紙で御祝儀袋や懐紙等の紙製品を作り続けて和菓子や京料理にも用いられてきた。初代の岡本伊兵衛さんが考案したピョンピョンゲーム(現在のダイヤモンドゲーム)でも知られる。とりわけ、創業当時から伝わる友禅画家・松村翠鳳作の「お伽噺御祝儀袋」のぽち袋セットは、素朴かつモダンなデザインと木版刷りの温もりとが調和して秀逸。ほかに、松村翠鳳作の「十二支御祝儀袋」セットもあり、干支や兎の愛らしいモチーフのぽち袋等も人気を博している。12枚入り5000円

B. ギャラリー高野 [ギャラリー高野]は大正14年(1925)から京都で美術出版を手がけてきた創業家が展開するギャラリー。グリーティングカードやノートを取り扱い、西陣織の帯のデザイナー・大石浩司さんのデザインが見事にぽち袋「ポチごよみ」に生かされている。長方形の紙の上に配された季節感ある和のデザインがモダン。小さいぽち袋に水玉のように文様がデザインされた伊藤りおりさんのぽち袋も愛らしい。大石浩司さんの干支のぽち袋、花ごよみや虫めがねのポストカード、伊藤りおりさんの四季ポチ袋の小紋柄等もそろう。毎年、京のぽち袋展の作品も募集。左から、ポチごよみ6枚入1500円、四季ポチ袋 ドット4枚入700円

C. 福井朝日堂 日本の伝統文化を紙製品上で表現する[福井朝日堂]にはぽち袋も多数そろい、「王朝ポチ袋」、「美人画ポチ袋」など、美しい色摺りの華やかなものが並ぶ。中でも、「虫の音ポチ袋」は、アートなデザインの中の虫たちが、和紙に摺られた日本色の風合いとあいまって風情がある。右頁:虫の音ポチ袋3枚入450円(数量限定)、左頁:左から、能ポチ袋3枚入500円、趣味の意匠ポチ袋5枚入300円、羽子板ポチ袋3枚入500円

D. ROKKAKU [ROKKAKU]には、箔押しや活版印刷等の特殊加工が美しく施された紙製品が並ぶ。ぽち袋にも

街の店が箔押しで愛らしく描かれ、松竹梅のうち松のぽち袋はパールの箔押しと金の箔押しが上品。街並のぽち袋には、ぽち袋とおそろいのワンポイントが施された名刺サイズのカード、松竹梅のぽち袋には無地の名刺サイズのカードがついているからメッセージカードのセットとしても使うことができてうれしい。パティスリーやカフェの街並のぽち袋やホログラム箔が施された梅のぽち袋、春限定の富士山・桜のぽち袋も華やか。ぽち袋3枚・メッセージカード3枚入各432円、桜富士756円(税込)

E. 鈴木松風堂　明治26年(1893)創業の紙雑貨の老舗［鈴木松風堂］では、色鮮やかな型染紙を用いた文具をはじめありとあらゆる雑貨が作られ、ディズニーキャラクターとのコラボレーション商品も誕生。七宝ミッキーの柄がおしゃれで、ディズニーと日本の伝統紋様とが見事に調和している。多様なぽち袋が5枚と小さな便箋が収められた箱入りの「ポチふみ」はぽち袋を封筒に見立てたレターセットになっていて、ボールペンまで付いており、とりわけディズニー仕様の和柄が美しい。ポチふみ ぽち袋3枚・シール6枚・便箋10枚入1800円

F. GALLERY & SHOP 唐船屋　大正10年(1921)に創業した印刷会社［からふね屋］が展開した［GALLERY & SHOP 唐船屋］は、名店の優れた文具をセレクトする他、オリジナルの文具も作り出している。オリジナルの和紙にシルクスクリーン印刷を施した封筒は、季節の花々等のモチーフの唐船屋オリジナルデザインや金等のきらめく色が優美。大きいサイズと小さいサイズがあり、小さい方はぽち袋としても重宝する。［ギャラリー高野］のぽち袋も並び、西陣織の帯のデザイナー・大石浩司さんによるぽち袋の動物達がキュートでシルクスクリーン印刷が鮮やか。左から、大石浩司十二支ぽち袋 各334円、オリジナルぽち袋 各80円、オリジナル絵封筒 小 各250円、大 各450円

A. 尚雅堂　昭和39年（1964）創業の和文具の［尚雅堂］では、鶴・亀・富士の寿のぽち袋や、京漬物をモチーフとしたぽち袋等、多様なぽち袋を生み出している。［etoteデザイン教室］とのコラボレーションによって誕生した「京のお漬物ぽち袋」は、京野菜のすぐきも登場し、千枚漬等、京都を代表するお漬物が集合。和紙に摺られた［TANICHO］によるイラストとデザインが愛らしい。左から、せんまいづけ・すぐき・しばづけ・たくあん・めしどろぼう・はくさい　各3枚入350円

B. 京都精華大学kara-S　京都精華大学の洋画コースを卒業したBOMさんが描くユーモラスなキャラクターたちのぽち袋。四条烏丸の「COCON KARASUMA」にある京都精華大学サテライトスペース［京都精華大学kara-S］には、京都精華大学ゆかりの雑貨が並ぶ。POCHIS 6枚セット602円

C. 聚落社　京友禅紙の職人が紙と紙製品を手がける［聚落社］によるぽち袋。友禅の技法が紙上でも生かされ、ぽち袋も1枚1枚染められた柄が美しい。厚めの上質な和紙に京都らしさと新しい感性が融合し、はんなりとした色づかいながらモダンな表情。染め紙セットや長3封筒、洋2封筒等も作り出している。各大3枚入400円

D. AIUEO　雑貨ブランド［AIUEO］の直営店には幸せいっぱいの雑貨が並ぶ。ぽち袋にもユニークなイラストが描かれ、玉しきという水玉模様が入った紙もポップ。左からレンサ・アヤメ各3枚入240円

E. 平等院ミュージアム鳳翔館 ミュージアムショップ　世界遺産の宇治・平等院のミュージアム鳳翔館には国宝の平等院鳳凰堂にあしらわれていた文様をモチーフとした文具が充実している。ぽち袋は、堂内の天井や梁、柱に施されていた宝相華の文様が彩色豊かに描かれ、藤原摂関時代を偲ばせるような華やかさ。赤色のグラデーションが鮮やかなぽち袋もそろう。5枚250円（税込）

F. タカトモハンコ　ハンコを手がける［タカトモハンコ］ならではの素朴で風合い豊かなぽち袋。イラストレータ

ーでもある店主が味わいある和紙に描いた、ほのぼのとした優しさあふれるキャラクターにも癒される。各180円

G. 恵文社一乗寺店　本を中心としたセレクトショップ[恵文社一乗寺店]には作家による作品も数多くそろう。京都の型染め作家である関美穂子さんが手がける雑貨も並び、物語を感じさせる型染めの描写がぽち袋の小さな紙に似合い、関さんの世界が凝縮されているかのよう。遠くの山5枚入300円

H. 京都国立近代美術館ミュージアムショップ アールプリュ　京都をはじめとして西日本を主とした展覧会を開催する他、日本画や洋画、染織等の所蔵作品や名画も展示する[京都国立近代美術館]。ミュージアムグッズも収蔵品のポストカードやオリジナルグッズ等が充実し、アイデアにあふれた文具も並ぶ。とりわけ同館で開催された「上野伊三郎＋リチ コレクション展」にちなんだ上野リチの絵をあしらった文具は、彼女の愛した動物や植物の絵が華やか。ウィーンで生まれ、リックス文様と呼ばれるプリント図案でも名高い上野リチの世界がぽち袋でも堪能できる。74円

I. 楽紙舘　平成28年(2016)2月から始まった新しい和文具ブランド[京都烏丸六七堂]のぽち袋。日本の四季折々のモチーフが和紙の貼り絵で表現されており、紙と紙の織り成すポップで斬新な日本の情景が目を楽しませてくれる。左から、桜とポチ300円、鶴・伏見稲荷・金閣寺各350円

J. 西村吉象堂　三条通に店を構え、大正13年(1924)から漆器・工芸品を扱ってきた老舗[西村吉象堂]。和の文具も手がけ、美しい文様の紙でぽち袋を手作りしている。薄手の紙で作られ、様々な文様がそろうのがうれしい。各100円

K. CASAne　西陣の藤森寮に店を構える[CASAne]には、陶芸や紙の作家作品が並び、店主自身も、役目を終えた紙等で様々な文具を制作。カラーインクで彩って紙製品を作り上げる榎本千明希さんのぽち袋やポストカードも鮮やかな存在感を放ち、紙管やスポンジ等の身近な材料を型押しする等、自在な発想と手作りならではの表現が趣深い。大きいぽち袋と小さいぽち袋が入った2枚入もそろう。左から、大小2枚入220円、小2枚入200円（1枚ずつ手作りのため同じものはなし）

L. 京都デザインハウス　日本の伝統とモダンデザインが調和する優れた品がそろうセレクトショップ[京都デザインハウス]には、多様なぽち袋がずらり。吉祥を表す柄が様々に表現されていて、審美眼が光る。500円

M. ムスビメ　国内外から選りすぐられた日常の文具や日用品が集まる[ムスビメ]。めずらしいドイツ・ミュンヘン生まれの文房具ブランド[カルタプラ]の文具も並び、イタリア・フィレンツェの紙「カルタ ヴァレーゼ」を用いた封筒がモダン。京都の着物等の文様とも相性のよい上品な柄のファインペーパーはクラシックな香りが漂い、ぽち袋としても重宝する。Carta Pura Envelope mini 3枚セット150円

A. 紙匠ぱぴえ　［表現社］が手がける［紙匠ぱぴえ］には、季節折々の京都らしい文具の他、京都にゆかりの作家等とコラボレーションした［cozyca products］のキュートな文具も並ぶ。昭和初期に中原淳一が人気画家として活躍した『少女の友』の付録「啄木かるた」をぽち袋にしたシリーズは、中原淳一の描く少女達が和紙の上で石川啄木の詩情と共に当時のロマンを感じさせてくれる。各3枚入300円

B. 鳩居堂　［鳩居堂］には木版刷のオリジナルのぽち袋が様々にそろい、迷ってしまうほど。上質な和紙に鮮やかで愛らしいデザインやはんなりとした奥ゆかしい吉祥柄や京都の景色が刷られ、どれも京都らしい情緒にあふれている。硬貨を入れるのにぴったりの小さなぽち袋等、多種多様な金封がずらり。左から、5枚入500円、10枚入700円、10枚入700円、10枚入700円、10枚入650円、5枚入400円

C. 楽紙舘　明治45年(1912)創業の［上村紙株式会社］が展開する紙の専門店［楽紙舘］では、和紙と和紙小物を扱い、京都府の和紙の名産地である黒谷で生産されている黒谷和紙や王朝の色に染めた紙など多様な紙がそろい、京都で培われた紙の文化を窺うことができる。800年の歴史を誇り京都府指定無形文化財にも指定されている黒谷和紙が用いられ、ぽち袋でもその強くて美しい特性を発揮。京のぽち袋展も開催され、様々なぽち袋が集って競い合う。左から、黒谷ぽち袋 桃、草 各5枚入360円

D. 京東都　京都の刺繡工房が新しい和の伝統文化や刺繡の可能性を提案する［京東都］では、文具にも刺繡があしらわれている。ぽち袋には、昔ながらの吉祥文様が刺繡独特の立体感とモダンなデザインで表現され、和紙だからこそ可能になった刺繡の艶が美しく、今までにない斬新なぽち袋に驚かれそう。380円

E. 紙司 柿本　［紙司 柿本］には、鳥獣戯画をあしらったぽち袋等も並ぶ。擬人化された動物達が描かれ、洒脱な画風が和紙の風合いとあいまって風雅な趣。贈り物を包装する際にも、上品な雰囲気を醸し出してくれ、動物達の躍動感に笑みがこぼれそう。シール付190円

F. 十八番屋 花花　版画があしらわれた小箱が壁面一杯にずらりと並ぶ［十八番屋 花花］。京都市の北部、花背で手作りされている箱の他、木版刷りの文具も並び、京都の風物や版画家・徳力富吉郎による版画をぽち袋の上でも展開。朴訥とした木版の味わいや言葉遊び等の粋な表現が、昔ながらのぽち袋に合う。左から480円、480円、480円、440円

G. 堀金箔粉株式会社　正徳元年(1711)から金箔を用いた様々な伝統工芸に関わってきた［堀金箔粉株式会社］。

たずさえる

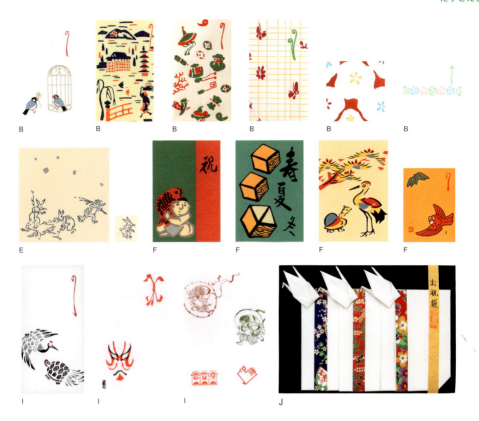

様々な文具も手がけ、金箔の老舗ならではのぽち袋も生み出されている。ぽち袋にも金箔が添えられ、お祝いの気持ちをより相手に伝えてくれそう。純金色のぽち袋は、角度によって表情が変わる金の芳醇なきらめきが美しく、水引作家の森田江里子さんが主宰する水引工房［和工房包結］の水引も金地のぽち袋に映えて愛らしい。結びの水引もあり、少し大きいサイズもそろう。左から、大 つぼみ350円、小 結び300円、金箔付 ぽち金袋350円
H. 裏具　デザイン事務所が手がける［裏具］のぽち袋。和の情景がモダンデザインによって京都らしく小粋に表現されている。左から、各3枚入 ぽちまめ小・亀の恩返し280円、ぽち小・鶴足380円、ぽち大・赤岳500円
I. ぴょんぴょん堂　木版印刷の老舗［ぴょんぴょん堂］で大正9年（1920）の創業時から作られ続けている木版手摺り和紙の御祝儀袋やぽち袋。風合いある木版摺りで表現されたデザインが秀逸で、多様な絵柄がそろう。左から、鶴亀3枚入600円、隈取（暫）3枚入600円、角型ぽち袋（2つ折）3枚入500円・三猿・酉 各3枚入300円
J. 都産紙　昭和23年（1948）創業の［都産紙］はあらゆる紙を1枚から買うことができる。軒先にはそれらの端紙を生かした手作りの文具が並び、ぽち袋は折り出しの鶴が美しく、差し上げる方に喜ばれそう。3枚入300円

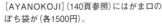

［AYANOKOJI］（140頁参照）にはがま口のぽち袋が（各1500円）。

［山崎書店］（11頁参照）には昔のぽち袋もそろう（各1000円～）

113

A. 美術はがきギャラリー 京都 便利堂　明治20年(1887)に創業した[便利堂]には、全国のミュージアムグッズも手がける美術印刷会社ならではの名画をあしらったぽち袋が多数。
江戸時代の京都生まれの画家、伊藤若冲が描いた青裳堂書店蔵「玄圃瑤華」がシルク印刷で気高く表現されている。琳派生誕400年を記念して、江戸時代の本阿弥光悦の書、俵屋宗達の画による京都国立博物館蔵の重要文化財「鶴下絵三十六歌仙和歌巻」のぽち袋も作られた。
きらびきという厚めの紙に刷られた文様が独特の輝きを放つ、折りたたむ昔ながらのタトウ型のぽち袋も美しい。
1段目：左から、玄圃瑤華 生き物篇・花篇・野菜篇・虫篇 各3枚入334円、2段目：左から、鶴下絵三十六歌仙和歌巻5枚入400円、七宝青・橘 各3枚入286円

B. 浅井長楽園　[浅井長楽園]では着物を染めるための型紙を用い、楮を原料とした手漉きの京染め和紙で様々な文具を作り出している。ぽち袋でも、江戸時代から大正時代の伝統的な柄を楽しむことができ、顔料で染められた和紙のきらめきが美しい。ポチ袋(柄)3枚セット400円

C. りてん堂　余白の空間に浮かび上がる活版印刷の「おおきに」の文字と深い単色で刷られた五山の送り火のデザインが印象的。3枚入500円

D. 幾岡屋　オリジナルの花名刺を手がける他、舞妓さん・芸妓さん御用達の和小物が多様にそろう[幾岡屋]。ぽち袋にもはんなりとした色の和紙に木版画の手刷りの舞妓さんの後ろ姿が映え、様々な美しい帯の柄も鑑賞できてうれしい。京舞妓御祝儀袋4柄2色8枚入840円

E. 竹笹堂　[竹笹堂]では木版画を用いた手摺りの文具が

そろい、ぽち袋でも様々な柄と風合いを楽しむことができる。正方形のぽち袋は、お札を一度折りたたむだけで入れることができるちょうどよいサイズ感で、正方形の中に配された原田裕子さんによる絵柄がそれぞれに異なる表情。丈夫な和紙を使っているから破れにくく、小さな贈り物の包装にもふさわしい。都桜の柄はピンクと黄色もそろう。左から、3つ折サイズ 鶴亀七宝 6枚入800円、2つ折サイズ 都桜・金魚・だるま 各4枚入800円

F. 嵩山堂はし本 昭和28年(1953)に創業した人気店［嵩山堂はし本］では様々なオリジナルの紙製品が作られ、ぽち袋にも京都らしい和のデザインと送る相手への気遣いが感じられる逸品がそろう。鯛をかたどった愛らしいぽち袋や紐が垂れた小袖型のぽち袋等、多種多様の自在な形状も魅力。「とがのをうさぎ」をモチーフとした3部作は擬人化された兎が愛らしく、セットになっているから贈り物等にも喜ばれそう。左頁：鯛3枚入800円、小袖型3枚入600円、鈴シール1/2きもちです3枚入450円、紅白扇子のし3枚入600円、ぽちっと包み1/2心ばかり3枚入600円、右頁：ぽちBag 兎さん2枚入500円、本店限定3枚たとう入700円

［幾岡屋］に並ぶ京舞妓御祝儀袋は包装にも木版摺りされた舞妓さんの美姿が。

A. 和工房包結　昔ながらの水引をモダンに表現し、心をあたたかくしてくれるような造形や水引作家の森田江里子さんの技術が光る[和工房包結]の水引工芸。ぽち袋にもかわいい鯛があしらわれ、オブジェのような存在感を放っている。600円

B. 柚子星堂　印刷を手がける傍ら、手作りの文具を1つずつ丁寧に作り上げている[柚子星堂]。MAICOをモチーフとした箱や和紙の文具も生み出していて、ぽち袋にも愛らしい舞妓さんのかんざし姿が。500円玉がちょうど入るサイズで、お年玉等に便利。店名になっている柚子星の柄もあり、水引柄や細めレトロ柄の長方形の金封もそろう。3色セット150円

C. 芸艸堂　手摺木版和装本出版社[芸艸堂]には、今まで手がけた本の中から採られた名画家の作品をあしらったぽち袋が多数。大正・昭和時代の画家、竹久夢二が便箋や封筒にデザインした木版摺の絵柄や、明治～昭和時代のデザイナー、古谷紅麟・河原崎奨堂の多色摺木版図案集から復刻した松竹梅柄があしらわれている。古谷紅麟が師事した神坂雪佳の「海路」（3色入）と古谷紅麟の「こうりん模様」（千鳥3色入）のぽち袋は、4つ折のお札をいれて折りたたむしずく型が楽しく、4度摺された雲母の輝きが美しく、そのまま敷紙等にして使いたいほどで、ぽち袋に見事に配

されたモダンなデザインに感嘆。他に、郷土玩具や中村芳中のぽち袋もそろう。右頁1段目：手摺木版ぽち袋 古谷紅麟「千鳥」3枚入900円、神坂雪佳「海路」3枚入900円、左頁2段目：ぽち袋 梅づくし（紅梅）・梅づくし（緑）・亀・ひょうたん・松づくし・金魚 各3枚入300円

D. 和詩倶楽部　和紙を用いた小物を扱う和紙商［和詩倶楽部］には、多様な紙や形、柄のぽち袋がそろい、高台寺の絵巻物に登場する百鬼夜行のおばけからチェック柄といった現代的なものまで並ぶ。小銭等を入れるのにちょうどよい、さらに小さい小ぽち袋が数多くあるのもうれしく、広報部長の犬の柴田部長をはじめ様々な柄がセットになったものは贈り物にも喜ばれそう。左頁上段：百鬼夜行 6枚入600円、左頁中段：タータン・色鉛筆・巳・いろ蓮・京千鳥格子（カラー）・吉あられ、左頁下段：福助・てふてふ 各3枚入300円、右頁：柴田部長 箱入24枚入1900円

E. 平岩　昭和2年（1927）創業の［平岩］が展開する仏像ステーショナリーシリーズに新たに加わったぽち袋。仏像のイラストがぽち袋にぴったりで、よりありがたく感じられそう。各3枚入250円

stationery for play

絵手紙用貼り絵セット　山本富美堂

明治5年(1872)に創業した和文具の老舗[山本富美堂]には、紙を貼る等して作り上げていく形の文具も充実。豆うちわや絵手紙に貼る貼り絵セットもそろい、四季折々の花や行事を表す和柄の貼り絵を用いて節目を祝う手紙を手作りすると喜ばれそう。折り紙も、手染め友禅紙や絞り染め・もみ染めの和紙、千代紙等、様々なものがそろい、切ったり貼ったりして楽しむことができる。各700円

とんぼせんせいのアートなぬりえ
うんとこスタジオ

[うんとこスタジオ]はアーティストの谷澤紗和子さんのスタジオとイラストレーターのとんぼせんせいのオフィス・ショップ・カフェが共同する空間。[ギャラリーH₂O]で開催されたイベント「三条富小路書店」に出品したとんぼせんせいのぬりえも販売されている。大人のアーティスティックな線画にどのように色をつけて完成させるかが楽しみ。部数限定400円

 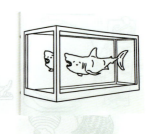

良質な文具や日用品が集結する[ムスビメ]では海外の老舗ステーショナリーメーカーの文具も取り扱う。中でも人気を集めているのが、1790年創立のチェコの老舗メーカー、[コヒノール]のドローイングテンプレート(アニマルズ)。ぬりえのように楽しむこともできて、ラクダやカンガルー等のかわいい動物型が絵手紙にも役立ってくれそう。200円

パイプロイド　椿-tsubaki labo-KYOTO

［椿-tsubaki labo-KYOTO］には、koha*オリジナルファブリックの他、koha*さんの審美眼でセレクトされた京都ゆかりの品々も並ぶ。京都のゲーム制作会社の［株式会社コト］で作られる、まさに紙でできた現代の郷土玩具「パイプロイド」は、茶屋で働くハナと看板鳥のスズ等、ストーリーある和のキャラクター設定も京都らしくて興味深い。穴の開いた紙パイプが入っていて、そこからはさみ１つで作り出される立体的な世界がおもしろく、グッドデザイン賞も受賞した京都が誇るパイプロイドで大人の工作の時間を楽しむことができそう。762円

素数ものさし　京大ショップ

京都大学の時計台記念館の１階では京都大学にまつわるグッズを扱い、京都大学のオリジナルグッズやロゴ入りの文具等も販売。このものさしはよく見ると素数にしか目盛がなくて驚かされる。不便益システム研究所が2012京都大学サマーデザインスクールでクラスの一つを担当し、生徒のアイデアを商品化したもので、他にも、京大野帳等、様々な京都大学ならではのオリジナル文具がそろう。577円（税込）

オオさんショウさん定規セット
京都水族館ミュージアムショップ

平成24年（2012）にオープンした［京都水族館］のミュージアムショップには、京都市立芸術大学・京都市交通局・京都水族館の産官学連携の取り組みから生まれたオオサンショウウオのキャラクター、オオさんショウさんをモチーフとした文具が並ぶ。定規セットは３種の定規が入っていて便利。486円（税込）

紙風船　楽紙舘

平成28年（2016）２月に生まれた［京都烏丸六七堂］は、和紙の貼り絵で表現するという新しい和文具ブランド。文具の中に日本の四季や節句等の季節感がモダンに表現され、とりわけ鮮やかな和紙を用いた紙風船が愛らしく、昔ながらの玩具を現代的なデザインで今に伝えてくれる。左から、金魚・鶯　各380円

origami

京都には、友禅紙や千代紙の折り紙に加え、京都市立美術大学（現・京都市立芸術大学）で指導しインターナショナルデザイン研究所を夫・伊三郎と設立した上野リチ等、昔の画家や京都の作家による折り紙もそろう。戦前の京都で折紙細工を提唱し［芸艸堂］等からも折紙細工の本を出版していた中島種二さんの折り紙も今、脚光を浴びており、折った後に切れ目を入れてさらに折るという技法が興味深い。京都国立博物館の所蔵品を作り上げる折り紙もアイデアが光る。ぽち袋や懐紙のように使ったり裏に手紙をしたためたり郷土玩具のように変身させたり、自在に変容する折り紙は、文具としての多様な可能性を秘めたすぐれもの。

復刻版 中島種二監修
カワイイ-ヲリガミ 元祖絵付折紙
COCHAE（デザインユニット）
12種2枚ずつ 計24枚入630円

上野リチ
折り紙セット
京都国立近代美術館
ミュージアムショップ アールプリュ
7枚入462円

おりがみはがき
（ますたにあやこ 作）
＊字路雑貨店
120円（税込）

きょうと折り紙、
にっぽん祭折り紙
鈴木松風堂
上から、24柄×各2枚48枚入、
47都道府県のお祭り・おまけ1柄
計48枚入 各650円

「美術海」OR-6 新・千代紙
芸艸堂 10図柄各1枚入800円

おはこ
十八番屋 花花
430円（折り紙、メモ帳、京飴、蕎麦実こんぺい糖等から中身を選ぶ）

折り紙
平等院ミュージアム鳳翔館
ミュージアムショップ（110頁等参照）
赤・緑・青 各5枚 計15枚入150円（税込）

折り紙
東寺
600円

大人のためのおりがみ「さくら」「宝尽くし」「日本の色」　尚雅堂
6.5cm・7色各5枚200円／9.5cm・7色各5枚350円／15cm・7色各3枚500円、6.5cm・5色各5枚200円／
9.5cm・5色各5枚300円／15cm・5色各5枚500円、9.5cm・12色各5枚350円／15cm・12色各5枚550円

折り紙セット Subikiawa. コトリ・女の子・レモン・スワン、
越前和紙 京染千代紙 小　紙匠ぱぴえ
左から、4柄 各5枚 計20枚入400円、千代紙16枚・和紙16枚 計32枚入300円

手染め友禅折り紙　7cm角
和紙来歩
柄20枚・無地20枚
計40枚入320円

折り紙
山本富美堂
10枚入480円

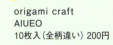

origami craft
AIUEO
10枚入(全柄違い)200円

京都国立博物館名品おりがみ
(京都国立博物館文化財保護基金グッズ)
京都国立博物館ミュージアムショップ
6種 各5枚 計30枚入750円

present

name card

名刺 KIRA KARACHO

寛永元年(1624)に創業した老舗の唐紙屋［唐長］11代目の長女夫妻、トトアキヒコ・千田愛子氏が手がけるブランド［KIRA KARACHO］では、現代の生活に合う多様な紙製品を作り出している。代々伝えられてきた唐長の板木の吉祥文様は、まさに人とのつながりの始まりに用いられる名刺にふさわしく、唐長ならではの奥ゆかしい文様が名前を引き立ててくれそう。家運の繁栄等を表す様々な文様がそろい、メッセージカードとして使うこともできる。浮き出しのロゴの入ったパッケージもかっこいい。50枚入1620円(税込)

王朝継ぎ紙名刺 楽紙舘

明治45年(1912)創業の［上村紙株式会社］が展開する紙の専門店［楽紙舘］では特殊な紙がそろい、それを用いた名刺も作られている。平安時代の女房達の間で生まれたという日本最古の和紙工芸を再現した王朝継ぎ紙の名刺は、京都らしい雅やかさが漂い、京都での出会いの場面に似合う。春・夏・秋・冬それぞれのセットもあり、縦型と横型があるから、名刺のデザインにあわせて選ぶことができてうれしい。4柄セット 4柄各15枚入1500円

名刺
美術はがきギャラリー 京都 便利堂

明治20年(1887)に創業した美術印刷の［便利堂］では、全国の美術館等に所蔵される名画を印刷した紙製品が多数そろう。名刺にも様々な名画があしらわれていて、名刺に風格を漂わせてくれる。とりわけ、京都の呉服商に生まれた琳派の祖、尾形光琳の重要文化財「風神雷神図屏風」(東京国立博物館蔵)をデザインした名刺は、風神と雷神に囲まれて名前を記すことができる。他に、国宝「鳥獣人物戯画」(京都・高山寺蔵)や伊藤若冲の「果蔬涅槃図」(京都国立博物館蔵)の柄もそろう。100枚箱入800円

重文 風神雷神図屏風 尾形光琳/東京国立博物館蔵

ミニカード、名刺　ROKKAKU

箔押しや活版印刷等の特殊加工を施した紙製品がそろう［ROKKAKU］では、すべてのアルファベットごとにそれにまつわるモチーフがあしらわれたミニカードが並ぶ。贈り物をさしあげる相手のイニシャルにあわせてメッセージカードとして使うのはもちろん、イニシャルにあわせて名刺のように使うこともできてうれしい。名刺をオーダーメイドすることもできて、ROKKAKUで作られている文具のような美しい箔押しが施されたこだわりの名刺を作ってもらえる。ミニカード各86円、箔押し加工のみで仕上げる名刺100枚10500円～、箔押し加工と印刷で仕上げる名刺15500円～(オリジナル版・全面作成の場合)(税込)

client: CAPPAN STUDIO
design: ZEALPLUS inc.

client&design: keithgraph 河﨑圭

名刺　京都活版印刷所

伏見稲荷大社の近くにオープンした活版印刷所［京都活版印刷所］内の活版名刺専門店［黒林堂］では、活版印刷による名刺を作ってもらうことができる。創業50年の技術によって多様なデザインを活版で仕上げてくれ、活版印刷ならではの表情とデザインの調和美に感嘆。紙も国指定重要無形文化保持者（人間国宝）9代目岩野市兵衛さんの手漉き和紙や活版に合うクレーンレトラ等、貴重な紙が多種そろい、注文する人のこだわりをかなえてくれる。一見、無地のように見えるが実はメジュームインキを用いた活版印刷が施されていて凹凸感が醸し出されたアートのような名刺や、ヴィンテージペーパーを用いて1ミリ程の厚みがある名刺等、既成概念を超えるようなデザインが多数。唐紙の老舗［唐長］の唐紙を用いた唐紙名刺も誕生した。オーダーメイド50枚8000円～（価格は応相談）

名刺・カード　THE WRITING SHOP

［THE WRITING SHOP］では、工房に佇むヴィンテージの活版印刷機やヴィンテージブロック等を用いてその人だけの名刺を作ってくれる。鉛合金の活字を組んで、1枚1枚、上質の紙に刻まれる活版印刷の字は味わい深く、さしあげる方にも温もりを伝えてくれそう。イニシャルデザイン等も手がけ、それらをあしらったカードや招待状や便箋もオーダーメイドできて、様々な注文にこたえてくれる。紙の種類にもこだわることができるのは、ヨーロッパの手漉き紙等、海外の個性的な紙がそろう［THE WRITING SHOP］ならでは。価格は応相談。

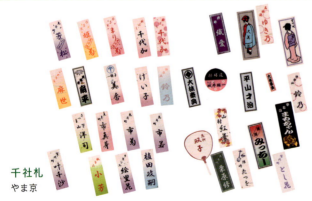

千社札　やま京

［やま京］は祇園の南座の東に店を構え、役者や芸妓さん、舞妓さんにおなじみの文具店。役者さん達の名前を入れた千社札も手がけていて、舞妓さんと同じ千社札を紙を選んで作ってもらうことができる。提灯や舞妓さんの絵があしらわれた愛らしい千社札に自分の名前を入れると格別の味わい。プライベート名刺として携帯すると様々な場面で役立ち、感嘆されること間違いなし。名刺やぽち袋、のし紙もオリジナルの特殊印刷のものを注文できる。100枚13000円～

花名刺　幾岡屋

芸妓さん・舞妓さん御用達のありとあらゆる和小物がひしめく祇園の［幾岡屋］。［林 花名刺工房］で舞妓さん、芸妓さんが用いる花名刺を手刷り木版で作り続け、季節折々の花鳥や玩具くずしの伝統的な柄が風情豊かにあしらわれている。手刷り花名刺もそろい、モダンに表現された伝統の柄が愛らしい。50枚から名前を入れてもらうことができて、多様な柄から選ぶことができる。初回合計8000～9000円（台紙50枚 約4200円、新版製作2100～2625円、刷り入れ（黒か赤）50～100枚2160円）

たずさえる

client: Nouvelle Vague Hair Design（東京都国立市）
design: 五味健悟

花名刺
ぴょんぴょん堂

大正9年（1920）に創業し、木版手摺り和紙で京都らしい紙製品を作り続けてきた［ぴょんぴょん堂］。芸妓さん、舞妓さんがお客さんに渡す花名刺（京花街納札）も扱い、1枚1枚、摺師が木版手摺りしたものがずらりと並ぶ。自分の名前を書いて渡す他、一言メッセージをしたためるのも粋。上から、祇園ちょうちん・うさぎ各15枚入700円〜

125

4.
ととのえる

左頁1段目：左から、SOU・SOU、箱藤商店、嵩山堂はし本、竹笹堂　2段目：楽紙舘、聚落社
3段目：聚落社、GALLERY & SHOP 唐船屋、楽紙舘、楽紙舘　4段目：京東都、のレン、恵文社一乗寺店　右頁：京都精華大学kara-S

album

MINI ALBUM　BOX&NEEDLE

ジムキノウエダビルディングに店を構え、京都の職人が丁寧に作り上げる貼箱の専門店[BOX&NEEDLE]では、その技術を生かしたアルバムもそろう。厳かな美しさに満ちたアルバムは結婚式や披露宴のフォトアルバムにぴったり。清楚な雰囲気が2人の門出にふさわしい。透明フィルムをはがして貼る様式。台紙16枚1600円

PICNIC ALBUM　AIUEO

アイデアいっぱいの楽しい文具がひしめく[AIUEO]直営店では、自分でコラージュやデコレーションをして作り上げるアルバムも充実。表紙の窓に、L判写真等を入れてこだわりのオリジナルアルバムを作ることができる。飛び出すしかけがおもしろいポップアップのデコレーションアイテム等もそろう。Sサイズ1400円

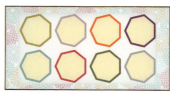

友禅 アルバム　鳩居堂

[鳩居堂]にはありとあらゆる和文具がそろい、和柄の紙貼りのフォトアルバムも見つかる。門出を祝うような華やかな和柄の千代紙が施されたアルバムは、思い出の写真をたっぷり収納できて結婚祝い等にぴったり。850円

シール付ミニ色紙　SOU・SOU

新しい日本文化の創造をコンセプトとして様々なアイテムを生み出しているテキスタイルブランド[SOU・SOU]。[学研ステイフル]とのコラボレーションによって日本の四季や伝統的なモチーフをポップにデザインした文具も手がけ、現代的な色紙も誕生した。昔ながらの菊の図柄が華やかに全面を彩り、左に七角形のシールを貼って右に写真を貼る等して、自分好みのポップなミニアルバム風に楽しむことができる。800円

ととのえる

file

型染めメニューブック　紙司 柿本

竹屋として創業し、その後、紙屋として長い歴史を誇る老舗の紙屋［紙司 柿本］。多種多様な紙や和文具が充実しており、紙等を挟むのにも便利なメニューブックもそろい、様々な用途に活躍してくれそう。京都の型染め職人による京都らしい絵柄が愛らしく、和の情緒を醸し出している。700円

PE SLIDER CASE　comado

［comado］には、素材とストーリーをコンセプトとする［PULL+PUSH PRODUCTS.］のプロダクト製品が並び、めずらしい材質と鮮やかな発色の文具に目を奪われる。これは、素材のポリエチレンの材料略記PE（ピー・イー）から名を採ったPE（ぺ）シリーズのインナーケース。ポリエチレンを積み重ね、電気ゴテで加熱するという作り方が斬新で、熱によってできた立体感がアートのよう。ファスナーもビニールハウスや農業用テントで用いられている大きな持ち手のものがとりつけられていて、丈夫で開閉がしやすく、中央に幅をもたせているため厚みのあるものも収納できて、ファイルとして持ち歩くこともできる。6000円

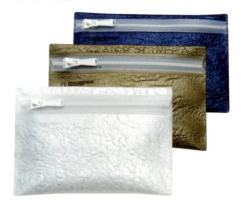

BETH ベス／A4ファイル　IREMONYA

昭和4年（1929）に文具店として創業した［株式会社友屋］のアンテナショップ［IREMONYA］は、丈夫なファイバー収納ボックスやチェストとかわいいスマイルのデザインが魅力。京町家を改装した店内には、ファイル等のファイバーでできた文具も並ぶ。角の金具もスタイリッシュで、中の紙が穴から覗いて表情が加わるのも楽しみの1つ。ベビーブルー、アーバンレッド、ナッツブラウンの他、色をオーダーすることもできて、インテリアに合わせてそろえることができるのがうれしい（約3〜4週間でお届け）。ファイル金具は2穴で、市販のA4サイズ20穴リフィルや2穴の用紙をはさむことができる。他に、コーナーペンケースやマルチデスクメイト等、机上を彩る小物収納のファイバー製品も充実。2800円

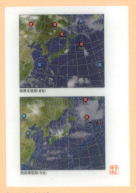

気圧と前線
数研出版　370円

円周率
数研出版　315円

オイラーの公式
数研出版　315円

アーティストコラボA4クリアファイル（寺田順三・Kinpro）
京都水族館ミュージアムショップ
各330円（税込）

オオさんショウさんクリアファイル
京都水族館ミュージアムショップ　各300円（税込）

ととのえる

クリアファイル（元素生活モデル）
化学同人　200円

クリアファイル（金）（牡丹図）
大覚寺　500円

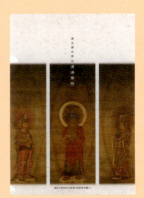

重要文化財『泣不動縁起』絵巻、紙本著色『當麻曼陀羅図』、国宝『阿弥陀三尊像（四明普悦筆）』
清浄華院　3点セット1000円（税込）

石庭／蹲踞
龍安寺　300円（税込）

131

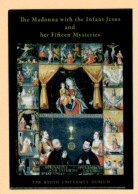
マリア十五玄義図クリアファイル
京都大学総合博物館ミュージアム
ショップ ミュゼップ　300円

曼荼羅ミニクリアファイル
(両界曼荼羅 金剛界)
東寺　200円

クリアファイル(国宝梵天坐像・国宝帝釈天坐像)
東寺　300円

天正遣欧使節肖像画クリアファイル
京大ショップ　330円（税込）

金壁ファイル
堀金箔粉株式会社　300円

A4ダブルクリアファイル
（諸将旌旗図屏風・大阪城天守閣蔵）
美術はがきギャラリー 京都 便利堂　500円

ととのえる

Subikiawa. A5サイズ用
クリアファイル スワン
紙匠ぱぴえ　250円

3ポケットミニクリアファイル
平等院ミュージアム鳳翔館
ミュージアムショップ（110頁等
参照）　250円（税込）

上野リチ クリアファイル
京都国立近代美術館
ミュージアムショップ アール
プリュ　259円

三つ折クリアファイル 伊藤若冲『玄圃瑤華』茄子・玉蜀黍・糸瓜
芸艸堂　各300円

ぎおんファイル（雪輪うさぎ・菊）
井澤屋　各380円（税込）

wrapping

133

box

箱　Ileno

手製本ノートの店［Ileno］では製本の技術を生かして、ノートにも用いられているイタリアの老舗［ROSSI］の紙やIlenoオリジナルの紙で箱も作っている。このROSSIの紙が丁寧に貼られた箱は、蓋を開ける度にきらきらとゆらめく金の輝きが表情豊かで黒と金の織りなすモチーフやデザインが美しい。ROSSIの紙は時期によって変更があり、今後、どのような柄が箱に登場するかも楽しみ。他に、Ilenoの手製本ノートがぴったり収まるサイズの箱や便箋セットの箱も手がけている。1500円

京舞妓の塗り箱　楽紙舘

明治45年（1912）創業の［上村紙株式会社］が手がける和紙と和紙小物の店［楽紙舘］には様々な紙がそろい、紙で仕立てられた箱も並ぶ。「京舞妓の塗り箱」は京都の景色を見上げる舞妓さんが鮮やかな色彩で繊細に表現されていて、芸術性が高い逸品。他に、王朝時代の姫君を描いた紙製塗箱「手文庫 京小町」もそろう。2000円

和紙塗箱　嵩山堂はし本

和文具の名店［嵩山堂はし本］から和紙塗箱が誕生。はがきを収めることができるサイズの和紙でできた箱に、菱形うさぎや梅うさぎの柄が愛らしくあしらわれている。水にも強く、モダンなかわいい文様が調和。筆ペンサイズのものもそろう。1600円

押絵京文庫 舞妓（角）　みすや忠兵衛

文政2年（1819）に創業し、平安時代から続くみすや針をはじめ、裁縫セットや裁縫箱を作っている、京都本みすや針の針屋［みすや忠兵衛］。今では数少なくなっている伝統的な民芸品の押絵京文庫も扱い、栗田富士男さんの職人技とセンスが光る。紙や布を切り重ねてふっくらと描き出された舞妓さんと京都の風景が鮮やか。2700円

京友禅紙こはぜ付きはがき箱　尚雅堂

昭和39年（1964）に創業した和文具の［尚雅堂］では、色紙や和本帖で培った職人技を生かして現代の生活に融合する紙製品を作っている。これは、1枚1枚、丁寧に作られた京友禅紙を用いた、はがきにぴったりの小箱。昔ながらのこはぜの仕様が趣深い。12種類もの柄があり、B5サイズの京友禅紙の文庫も様々な柄がそろう。2200円

ととのえる

wrapping

唐船屋オリジナル文箱
GALLERY & SHOP 唐船屋

大正10年(1921)創業の印刷会社[からふね屋]が展開するセレクトショップではオリジナル紙製品も販売している。手漉きオリジナル和紙にシルクスクリーン印刷で帆掛け舟を描いたオリジナルの紙製化粧箱は、伝統的な和柄と金の波模様が雅やか。みずあさぎ・とのこ・桜色がそろい、他に、「胡琴と桜」の柄も美しい。れもん2200円

古都桜和紙文庫　かつらぎ

明治2年(1869)の創業以来、河原町に店を構え、日用品・民芸品の店として親しまれてきた、趣味の和雑貨の店[かつらぎ]。手作りの竹細工やおもちゃが並ぶあたたかい雰囲気の店内に、箱も並ぶ。凹凸感のある風合い豊かな和紙が味わい深く、落ち着いた色で描かれた桜が夜桜を想わせるような美しさ。様々な大きさのものがそろい、大きいサイズはレターセット等も収納できる。大1900円

黒谷四つ目文庫　紙司 柿本

[紙司 柿本]には、様々な和紙を用いた製品がずらり。これは、京都府・黒谷の伝統的なチリ仙貨紙で作られた貴重な四つ目文庫。黒谷和紙の繊細美や手作業で作られるぬくもりが手触りから伝わってくる。他に、黒谷和紙の便箋や封筒もそろう。1800円

京玉手箱　浅井長楽園

[浅井長楽園]では友禅染の型紙を用いて和紙を染める型染め和紙を手がけ、その紙を用いて数々の箱を作り上げている。江戸時代から大正時代にかけて作られた文様が上品で、染められた桃色の和紙のデザインが、より凛とした気品を生み出す。1600円

桐箱　京指物資料館

安政3年(1856)創業、皇室の御用の品等でも名高い家具の宮崎に併設する[京指物資料館]では、京指物の技術で作られる桐タンス等の他、桐箱やカッティングボード等も販売。桐箱は桐タンス制作に用いられる木釘「うつ木」を使い、[宮崎]に伝わる有名画家の図案があしらわれている。左から、桜30000円、梅20000円

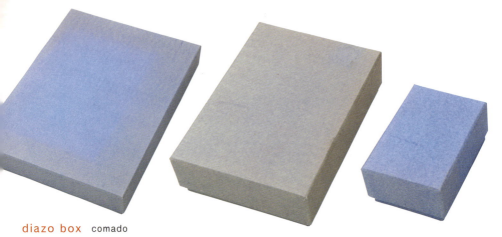

diazo box　comado

素材とストーリーをコンセプトとする［PULL+PUSH PRODUCTS.］のプロダクトの1つ「diazo」の箱。ジアゾ式複写(青焼き)によって青色に感光させた紙で作られていて、時の経過と共に青色があせていくうつろいが美しい。ジアゾ式複写の供給が終わり次第終了。左から、A4 2600円、ポストカード2000円、カードケース1500円

［工芸離世］では3つの絵を楽しむことができるしかけの箱も制作。蕎麦実こんぺい入り。(［京都岡崎 蔦屋書店］等で販売)

版画紙箱　十八番屋 花花

木版画を手がける［工芸離世］のおはこの専門店［十八番屋 花花］は、木版画家・徳力富吉郎の版画をはじめとした多数の柄の箱が並ぶ光景が壮観。正方形の中に描かれる洒脱な世界が味わい深く、中身を折り紙、メモ帳、京飴、蕎麦実こんぺい等から選ぶことができるのも楽しい。鈴がついたおはこや絵馬型のおはこにも遊び心が溢れている。1箱420〜600円

はがき箱、入れ子ボックス　鈴木松風堂

明治26年(1893)創業の紙雑貨の老舗［鈴木松風堂］では、一枚一枚、京友禅の技法によって手染め・手洗いで作られた色鮮やかな型染紙を用いて、多様な箱を作り出している。重ねペン立て、重ねることができる丸筒や紙管、パスタケース等の形に加え、着物の小紋柄や愛らしく染められた伝統的な柄等、柄も豊富で迷ってしまうほど。柄は時期によって変わり、ディズニーとのコラボレーションによる柄も誕生した。はがき箱2000円、入れ子ボックス 大1000円、中900円、小800円

TENT BOX、家の箱
京都精華大学kara-S

京都精華大学サテライトスペース［京都精華大学kara-S］には、京都精華大学を卒業して活躍する作家達の雑貨が充実。京都精華大学メディア造形学科版画コースを卒業した、折田治代・熊本汐里・本田このみによる紙もの雑貨の制作ユニット「puntas」の紙箱は、しっかりとした作りの技術が光り、木版画など版画を刷った貼り紙も味わい深く、その美しい佇まいに目を見張る。家型等ユニークな造形のものもあり、何を入れるか考えるのも楽しく、贈りものを入れるのにもぴったり。左から、2000円、600円

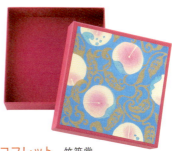

コフレット　竹笹堂

木版印刷技術を120余年受け継いできた［竹中木版］が展開する［竹笹堂］には小箱も並ぶ。コフレットとは、フランス語で小箱の意味。1枚ずつ木版摺りされた絵柄が鮮やかで、原田裕子さんの斬新な表現によってお伽話の題材が見事に正方形のコフレットの世界に昇華されている。唐草のように描かれた桃の葉も縁起がよく、金色と青、ピンクとのコントラストも美しくプレゼントの包装にぴったり。桃太郎3000円

みずのふばこ　ウラグノ

[ウラグノ] では、手紙まわりの文具をはじめ、文具の域を少し飛び越えた商品や他企業との共同による商品を生み出している。このふばこは、京都らしくて小粋なデザインと、[岡村漆器店] による京都の伝統的な漆器の深い漆黒が見事に調和し、うっとりするような艶めかしい美しさ。まさに水面のような潤いとその中の動物の動きが表現され、芸術性の高い品に仕立てられている。手描き、手作りのため注文から時間を要す受注製品。一筆箋1綴・封筒10枚・ぽち袋5枚・活版言札10枚・まめも1綴入　左から、柳ニ蛙80000円、蓮ニ鯉 組紐仕様85000円

文庫箱、二段箪笥箱　羣青

ブライトンホテル前に佇む群青の壁が印象的な [羣青] は、正絹を水玉や小市松模様に染めたオリジナル生地で様々な小物を手がけている。二段箪笥箱や文庫箱は、ふっくらとした形が愛らしく、正絹ならではの手触りや、蓋を開ける度にゆらめく染色の輝きに感嘆。箪笥箱の丸い取手のデザインもかわいく、厳選された色味が現代的ながら和の情緒も湛えて調和している。他にも、セレクトされた日本の名品や雑貨がギャラリーのように美しく並び、羣青ならではの審美眼が光るものばかり。左から、5400円、6800円、6800円

ととのえる

お針箱、たまご箱　箱藤商店

［箱藤商店］は明治24年（1891）に創業し、京都の呉服や清水焼、仏具、能楽等で用いられる職人技の桐箱を作り続けている。湿気に強い特性を持つ桐箱は昔ながらのお針箱に重宝されるが、仕切り板が取り外せるから、文具を収納したりすることもでき、真田紐も美しい。現代的な桐箱も手がけ、宝尽くしや季節の花々、鯉のぼりといった風物詩等、愛らしい絵付けが若い人達にも人気。とりわけ、たまご型の箱は桐箱の既成概念を覆す形で、スライド式の開け口がぎざぎざになっているのが斬新で、丸くなめらかな手触りも心地いい。他に、はがき箱や文箱はもちろん、細く仕切られた帯締め箱等も文具収納に役立ちそう。宝尽くし14000円、藤5000円

case

ファイルケース
竹又 中川竹材店

元禄元年(1688)に竹屋又四郎が「竹又」を屋号として創業した[竹又 中川竹材店]は京銘竹を使って、伝統の職人技を受け継ぎつつ現代的な技を用い、竹垣から雑貨までを手がける老舗。中でも、このファイルケースは現代のインテリアにぴったりで、かっこいい空間を作り出してくれる。開閉がしやすいスライド部分の秘密は、京都府の名産である貴重な黒谷和紙の上に染煤竹の割竹を貼り合わせる手仕事によるもの。この割竹と竹の集成竹との異なる表情が見事な調和美を見せている。昔ながらの丈夫で良質な竹の味わいとスタイリッシュなデザインが融合した逸品。26000円(受注製作)

がま口DS Liteケース　　AYANOKOJI

[京都 秀和がま口製作所]のベテラン職人が手作りするがま口の専門店[AYANOKOJI]では、これもがま口かと驚くようなオリジナリティあふれる品がそろう。片手で開閉できるがま口の特性を活かした、普段づかいしやすいアイテムは100種類以上。めずらしいDS Lite用のがま口は、ベルボーレン素材を用いた箱型で、ニューツイスロンというフェルト風のふんわりとした中の生地が大事な万年筆等を守ってくれそう。小さいポケットはクリップを挟んだりSDカードを入れたりするのに最適で、底板とケースの隙間に付箋等も収納可能。机上の文具箱としてはもちろん、そのまま鞄に入れて持ち歩くこともできるので便利。2800円

ととのえる

JEWELRY BOX Slim
BOX&NEEDLE

京都の職人による貼箱専門店[BOX&NEEDLE]には、オリジナルペーパーをはじめ、国内外の様々な紙で作られた箱がずらり。特に、ジュエリーボックスは中の小箱を選ぶことができて、色々な紙を楽しむことができる。宝石箱だが、切手等、細々とした文具も整理して収納することができそう。留め金の金具も友禅工房で刷られた和紙に合ってクラシックな趣を醸し出している。4000円

ツールボックス　BOLTS HARDWARE STORE

[BOLTS HARDWARE STORE]は建築やインテリア、道具類を扱う他、オリジナル製品も手がけている。シンプルながらに目からうろこのアイデアを凝らした斬新な製品が多く、ツールボックスは打ち出し板金で形作られ二層構造になっていて、留め具なしでも持ち手がストッパーになり、倒れても中身がこぼれにくいという画期的なしくみ。DIY等に用いられることが多いが、文具一式を持ち運ぶ時にも便利。他に、アルミ製のトレイやツールケースもある。12000円

西陣織オリジナルネクタイの[ネカド]の最高級西陣織ネクタイ生地を用いた[ここかしこ]の「ネクタイのふくさ」9500円

ELLIE エリー／CDスタンド
IREMONYA

昭和4年(1929)創業の[株式会社友屋]のアンテナショップ[IREMONYA]には、ファイバー収納ボックスがずらり。入れる物によって様々なタイプのボックスが並び、CDやポストカード用のケースもそろう。これはCDケースが12枚収納できる幅で、ポストカードの整理にも役立ち、仕切りがついているから郵便物の仕分けをする時にも便利。メモや多様な文具を入れることもできる。丸穴の取っ手もかわいく、底にはゴム足が付いているから机をいためる心配もなし。3700円

pen case

めがね箱 宝尽くし
箱藤商店(139頁参照)
12000円

友禅筆箱
尚雅堂(51頁等参照)
各1300円

だいたい5ミリ ペンケース
楽紙舘(44頁等参照)　各1300円

西陣織 長いがま口
オレたちひょうげん族
(NPO法人 スウィング)
(中梅織物株式会社 制作)
10000円

大きな口がま
カクカメ　5300円

しゅっとんがま子。　だるま
kitekite(80頁等参照)　2100円

ペンケース、メガネケース　伴戸商店　左から、560円、800円、800円(税込)

ととのえる

51頁の筆ペンと同じ柄でそろえることもできる尚雅堂の友禅筆箱

筆箱
のレン　3500円

present

波華波華（パカパカ）、ロンゲストがま口　弓月（53頁等参照）
各1728円、各3240円（税込）

Beahouse×どや文具会　どや文具ペンケース　Beahouse
文房具クリエイター阿部ダイキさんが1人で作った文具メーカー［Beahouse］と関西の文具好きの集まり［どや文具会］との討論の末に生まれた、既成概念を覆す画期的なペンケース。文具愛好家ならではのこだわりが反映され、使い勝手のよさとデザインのかっこよさを兼ね備えている。ロールトレーとボックスの一体型によって、文具が机上に散らばらず、トレーを持ち上げると自然にボックスの中に文具が収まり、あとは巻くだけというしくみ。かたづける時間も短縮でき、使いたいペンをさっと取ることができて、仕事がはかどること間違いなし。高級本革と高品質な帆布を用いて伝統の技で作られ、ナオコレッド・カーキ・クロネブラック・ネイビーがそろう。7600円

card case

名刺箱 箱藤商店

明治24年（1891）に創業した桐箱専門店［箱藤商店］は、伝統的な桐箱から現代的な形のものまでを手がけている。名刺箱は蓋がかぶさるタイプで、作家の手によって絵付けされた12ヶ月の花々が秀麗。湿度に強く、ぴったりと蓋ができるから保護性も高い昔ながらの桐箱が名刺も守ってくれる。オプションの中仕切り板を使うと、細かい文具も収納可。アクセサリー柄や無地のものもそろう。6000円

つづら(小) だるま市松 竹笹堂

［竹笹堂］では120余年受け継いできた木版画の技術を用いた手摺りの文具がそろい、小箱やコフレットにも木版画の世界が繰り広げられる。箪笥より昔から用いられてきた収納道具の葛籠から名付けられた小箱は、文具等も収納された昔ながらの箱のように美しく仕立てられた逸品。伝統的な市松模様の中に縁起がよいだるま柄がころんとかわいく配されている。中箱が間仕切りの役目を果たしていて高さもあるから、名刺の仕分けにぴったり。2000円

名刺入れ　聚落社

京友禅紙の職人が立ち上げた［聚落社］では、友禅の技法を用いて紙を染めて現代に合わせた紙と紙製品を作り出している。抽象的でストーリーを感じさせる柄と奥深い色が融合したデザインが、独特の世界を創出。箱にも和紙が貼られ、紙の質感とモダンなデザインが調和し、存在感ある一品に仕上げられている。箱の芯に用いられている板紙の裏面を染めたポストカード入れ、名刺入れも風合い豊か。400円

［SOU・SOU］の小箱箋（29頁参照）は使い終わった後、名刺入れにも変身

自由メイシイレ　Beahouse

進化のとまったモノのデザインを本質的に真化させる［Beahouse］の新しいプロダクトレーベル「ThinkAism-シンカイズム-」から生まれた名刺入れは、名刺を収納するケースという固定概念を超えて名刺交換の手の動きに注目した斬新な構造。名刺を三角ポケットで固定することによって、スムーズに名刺交換をすることができ、閉じてホックをとめると名刺が固定されるしくみになっている。さらにタンニンなめしで仕上げられた革が用いられ、薄くて軽くてスタイリッシュで使いやすい。5900円

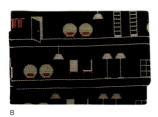

A. comado 素材とストーリーをコンセプトとする[PULL+PUSH PRODUCTS.]による、ポリエチレン素材を用いたPE(ペ)シリーズのカードケース。ポリエチレンのカラーフィルム20〜30枚を積層しながら電気ゴテの熱を加えるという技法によって出来上がる凸凹感のある風合いがユニークで、驚くほど軽くて丈夫で折り曲げやすい。プラスチックならではの光沢あるビビッドな発色も独特で、身近な素材を昇華させる独創的な発想に驚嘆させられる。使うほどになじむが、着色された素材で作られているため色落ちもしないというすぐれもの。「PE FLAT CARD HOLDER」はカードがちょうど収まるサイズで落ちにくく、「PE CARD CASE」は内側に3ポケット、外側に1ポケットがあり、20〜30枚の名刺を収納できる。焼印のロゴや、京都の貼箱店で仕立てられているPE FLAT HOLDER用の紙製パッケージのミニマムなデザインもかっこいい。カラフルな色がそろう。左から、PE FLAT CARD HOLDER2600円、PE CARD CASE5600円

B. 椿-tsubaki labo-KYOTO 京都の西陣で帯を作っている織屋が手がける[HINATA]の正絹の名刺入れ。糸染めや図案等、様々な工程をそれぞれの京都の職人が手がけていて、出し入れする度に正絹ならではのゆらめく光沢が存在感を放つ。正絹で表現されたモダンな柄がおしゃれで、正絹の名刺の趣とも調和。正絹創作小物 ヒナタ 名刺入れ2000円

C. 京都 漆芸舎平安堂 大徳寺東門前に店を構える[京都漆芸舎平安堂]は、文化財の修復を手がけ、金継ぎ教室等も開催している。そんな伝統文化を主とする店ならではの名刺入れも誕生。打敷等を作っている職人が手作り

したもので、ふっくらとしたお太鼓帯のデザインが京都らしくて愛らしい。1850円

D. AYANOKOJI 京都府の現代の名工に認定された職人の技が光るがま口の専門店［AYANOKOJI］にはがま口の名刺入れがずらり。斜めに開く天溝（てんみぞ）という口金を使用しているので、180度近く開くカードが一目瞭然、さっと出し入れができるから名刺交換の時もスマート。ハードタイプのカード約4枚が入る仕切りが付いているから、名刺の仕分けにも便利。名刺25枚（ハードタイプのカードを入れる場合はハードタイプ8枚と名刺10枚の計18枚程）が収納でき、そのまま定期入れ等にも使うことができる。仕切り付きがま口カードケース 金襴 丸宝黄2400円

E. Rim すべての工程を丁寧な手作業で仕立てる革小物が大人気の革工房［Rim］。手縫いのステッチが味わい深く、美しいデザインをも生み出している。とりわけ、カードケースは留めるボタンと糸の先に付けられた大小の牛革のボタンが愛らしい。大き目の幅に仕上げられ、糸を巻いて留めるタイプだからたっぷりと名刺を収納できる。名刺ケースやハガキケース、通帳ケースもあり、システム手帳やブックカバーも革独特の色合が美しい。各3240円

F. 羣青 正絹を水玉に染めた生地で作られた名刺入れ。名刺を取り出す時に見える裏地も美しく、正絹の上品な雰囲気が京都での出会いの場面にふさわしい。2600円

G. 井和井 和紙の産地として名高い京都府・黒谷の手漉き和紙で作られた名刺入れ。新京極通に店を構える［井和井］には京都みやげがそろい、黒谷和紙を用いた和文具も充実している。黒谷和紙 名刺入れ2160円（税込）

stamp case

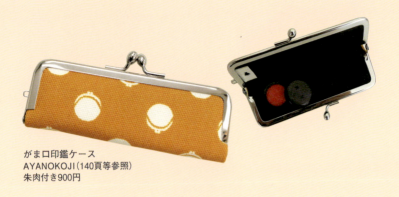

がま口印鑑ケース
AYANOKOJI（140頁等参照）
朱肉付き900円

印鑑ケース
京都デザインハウス（40頁等参照）
1100円

朱肉付印鑑入
伴戸商店
箱入650円（税込）

ととのえる

印鑑立て
象彦(22頁等参照)　7000円

お菓子ジャガード リップクリームケース
スーベニール京都　1600円

present
pocchi
made in japan
since 2012

ジャガード がま口印鑑ケース
ぽっちり　朱肉付き1000円

印鑑の神様もまつる［下鴨神社］では
印鑑ケースも授与

desktop item

MEMO PAD S　BOX&NEEDLE

大正8年(1919)創業の京都の老舗紙箱屋[マルシゲ紙器]が展開する貼箱専門店[BOX&NEEDLE]には、京都の職人によって作られた様々なデスクトップアイテムも並ぶ。マグネットが内蔵されたメモパッドは10枚位の紙を挟むことができて、ペン立ても付いていて取り外しもできるすぐれもの。机に貼り付けておくと、すぐメモをとって挟んでおくことができて重宝する。メモがない時にも、1931年創業のイタリアの老舗ステーショナリー&紙メーカー[ROSSI]のレトロな柄(Airplane)が鑑賞できてうれしい。他にも、ペン立てやペンケース、ファイルスタンド、CD・DVDケース等、机上を彩る紙製品が充実。1500円

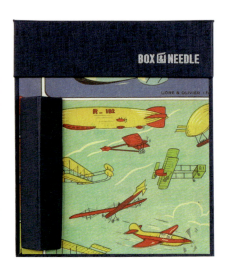

豆皿マグネット
美術はがきギャラリー　京都　便利堂

明治20年(1887)に創業し、国宝、重要文化財をはじめ国内外の文化遺産を図録や複製品として、商品企画も行ってきた[便利堂]。優れた美術印刷を誇り、紙製品以外のアート雑貨も生み出していて、マグネットも多数そろう。京都の人気の骨董店[てっさい堂]コレクションの豆皿をあしらったマグネットは、マグネットの小さな円形の中に実物さながらの絵付け等を楽しむことができて、紙を留める時等に役立ち、思わず集めたくなりそう。左から、色絵花冠文、染付貝松竹梅文　各250円

古代瓦のマグネット
京都文化博物館　ミュージアムショップ　京都　便利堂

[京都文化博物館　ミュージアムショップ　京都　便利堂]には、博物館ならではの文具が並ぶ。とりわけ興味深いのが様々な瓦のマグネット。アジアや日本で出土した古代瓦を復元していて、瓦用の土を用いて、瓦を焼く本物の窯で焼いている。色々な瓦を知ることができるのも楽しく、複製の技術が窺われるリアルな一品。他にも、京都府所蔵の絵画のポストカード等、名画を用いた様々なグッズがそろう。500円

ととのえる

和かるしーと　䒼軒

明治27年(1894)に清水焼の窯元として生まれた[䒼軒]は、清水焼をはじめ京都らしい和雑貨を手がけている。衣食住と京都和雑貨を組み合わせたおみやげを扱い、雅やかな机上アイテムも多数。おなじみの電卓もここでは艶やかな和柄仕立てで、和のインテリアにも合って計算するのが楽しくなりそう。1000円

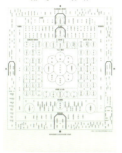

下敷き　東寺

[東寺]は、弘法大師空海が曼荼羅を具現化した羯磨曼荼羅(立体曼荼羅)の仏像が多数安置されている。所蔵する国宝「両界曼荼羅 胎蔵界」(平安時代)を全面にあしらった下敷きも販売。[便利堂]が手がけていて、裏には表と対応して仏様の名前も書かれていて、現物さながらの彩色やこまやかな描写を眼前に曼荼羅の世界を学ぶことができる。300円

クロスバイク　Happy Bicycle

八坂の塔の近くに店を構える[Happy Bicycle]には、チリ出身の職人が手がけるカラフルなワイヤーアートの自転車がずらりと並び、楽しい雰囲気に思わず引き込まれる。かわいい自転車やロードバイクのオブジェは机上を華やかにしてくれ、楽しく作業ができそう。さらに、タイヤとサドルの間に紙をはさむこともできてフォトスタンドにもなり、文具の助っ人としても活躍。自転車の機種や色、自転車にくくりつけることができる針金で作られたメッセージも多様にそろう。オプションで名前やオリジナルメッセージを付けて自分だけの自転車を作ることができて、☆か♡のマークも選び、組み合わせを考えて贈り物等にするのも楽しい。クロスバイク1944円(オプション10字以内800円、10〜15字1100円

calendar

掛花、博物画屏風　第一紙行

[第一紙行]のカレンダーブランド[SHICO]の「掛花」は京都デザイン賞に選ばれた秀作で、柱等の狭い空間にも花を飾る和の美をカレンダー上で見事に表現している。黒の背景にシルク印刷で美しい花々が生き生きと鮮やかに描かれ、目前に迫ってくるかのよう。「博物画屏風」は屏風の形式が雅やかでインテリアの一部として芸術品のように鑑賞できるのもうれしく、ボタニカルアートのような緻密な描写と色彩、京都らしい自然を描いた絵画が屏風に合って昔の美術品のよう。年末年始限定。掛花3800円、博物画屏風2000円

京の木版画・四季折々、季の奏　第一紙行

昭和21年(1946)に創業、京都に本店を構える[第一紙行]のオリジナルブランド[SHICO]ではデザイン性が高くて京都らしいカレンダーを手がけている。伝統木版画工房[竹中木版]の職人手摺り木版印刷や商品企画を手がける[竹笹堂]とのコラボレーションによるカレンダーは、竹中健司さんと原田裕子さんの木版画をあしらったもの。屏風仕立ての「四季折々」には京都の景色を描いた洒脱な作品があしらわれ、二曲の屏風形式の「季の奏」は琳派へのオマージュとして描かれた構図と桜・銀杏で音楽を奏でるように表現された木版画が鮮烈な美しさを放つ。化粧箱に施された木版画のデザインも秀逸。年末年始限定。左から、各箱入 京の木版画 四季折々（竹中健司）2000円、季の奏（原田裕子）2200円

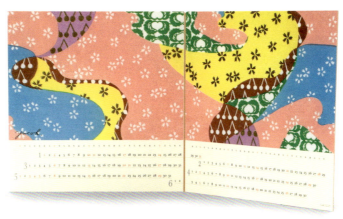

活版カレンダー　京都活版印刷所

[京都活版印刷所] は活版印刷の伝統を継承しつつ新しい文化を作り出していく拠点としてオープン。カレンダーもタイプフェイスデザイナーの代表的書体を凹凸ある活版印刷で施した数字が趣深く、厚くて風合い豊かなヴィンテージペーパーTAKEOの「蔵出し用紙」こだわりの紙を用い、机上の小さな空間でも立てて使うことができるしくみになっている。各月の紙には、レオナルド・ダ・ヴィンチやラファエロも愛用した名紙を生み出したイタリアのファブリアーノ社と、ノーベル医学賞の賞状にも用いられる紙を作るフランスのムーラン・リシャール・ド・バ社の手漉き紙を使い、メーカーと紙の名前も表記するといったこだわりよう。活版印刷や文具への愛着が凝縮された珠玉のカレンダーの手触りやデザインを紙の見本帳のように机上で楽しむことができる。数量限定3500円

カレンダー 日々　裏具

デザイン事務所 [goodman inc.] が展開する [裏具] は「嬉(うら)ぐ」から名付けられ、お祝いにふさわしい文具もそろう。年のはじめに用意したいカレンダーにも、裏具ならではのデザインセンスが光り、洗練された絵が壁面を彩り、抽象的に表現された四季折々の景色がモダン。柱にも掛けられる細長い仕様になっていて、昔ながらの掛け軸の美術品のような趣を味わうことができる。1800円

イチハラヒロコ コトバアートカレンダー
文字道

現代美術家イチハラヒロコさんのカレンダー。京都芸術短期大学ヴィジュアルデザインコース専攻科を卒業後、ウィットの効いた言葉による文字をモチーフとして作品を作り、人気を博している。月ごとに思わず頷いたりどきりとしたりしてしまいそうな日常の言葉等がフューチャーされ、文字から背景までが伝わってくるかのよう。各タイトルは写植書体。平成29年 (2017) も販売予定。表紙+12枚 FDケース入600円

ととのえる

とらやカレンダー 卓上　とらや

室町時代後期に京都で創業し、御所の御用もつとめてきた[とらや]では、老舗の和菓子屋ならではのカレンダーを発売。[とらや]に古くから伝わる菓子見本帳の絵をモチーフとしていて、アートディレクターの葛西薫さんが監修している。和菓子を生かしたデザインが極められていて、紙にもこだわって作られ、絵の発色や和菓子と同じ植物性である木製のスタンドも美しい。使い終わった後は、スタンドにメモやポストカード、写真を立てかけることもできる。絵図の解説も付いているから和菓子の知識も身に付けることができて、茶道等にも役立ちそう。その他、和菓子の絵柄をあしらった一筆箋等の文具もそろう。秋から数量限定販売、なくなり次第終了。写真は平成28年(2016)用のもの。箱入1620円(税込)

オリジナルカレンダー
京都水族館ミュージアムショップ

平成24年(2012)にオープンして京都ならではの展示が魅力的な[京都水族館]。オリジナルカレンダーも作り出していて、京都水族館で出会うことができる動物達が集合。めくる度に動物達が次々と覗くデザインが表情豊か。動きのある愛らしい卓上カレンダーを机に置けば、動物達が勉学を励ましてくれているかのようで気力がわいてきそう。年末から年始にかけて販売。デザインや販売時期は変更になる場合あり。540円(税込)

wrapping item

PE うすい袋　comado

クラフトブランド［PULL+PUSH PRODUCTS.］のプロダクト製品が美しく配され、コンテンポラリーアートのような空間を作り上げているショップ＆ギャラリー［comado］。素材とストーリーをコンセプトとする［PULL+PUSH PRODUCTS.］では、意外な素材と技術を用いて今までにない製品が生み出されていて、その斬新な発想に驚嘆させられる。PE（ペ）シリーズは、ポリエチレン素材を用いたプロダクトシリーズで、PEはポリエチレンの材料略記。ポリエチレンのカラーフィルムに電気ゴテの熱を加えることによって、ビビッドな発色と温かみある風合いに仕上げられている。独特の手触りで折り曲げやすく、手紙やカードを入れて送るのも粋。900円

黒谷絵入り袋、洛中（みやこ）の雨　紙司 柿本

老舗の紙屋［紙司 柿本］には様々な紙をはじめとしたラッピングアイテムが並ぶ。味わい深い和紙で作られた袋は、文具の好きな方への贈り物を入れるのにぴったり、その名も美しい「洛中の雨」は、源氏物語を参考にした色を出した金色や、洛中の鴨川や祇園新橋辺の柳に芽吹く春風をイメージした青柳色の雅やかな和の色が、その名の通り京景色の風情を感じさせてくれる。和風のペーパーナプキンとして食卓を飾ってくれるほか、和小物の包装にもぴったり。「春雨ぼかし」など様々な染めの手漉き和紙や京都府の黒谷和紙なども並び、和紙作りの絵があしらわれた袋もそろう。左から、210円、各12枚入550円、210円

ハタノワタルさんの手漉き和紙　Kit

生活雑貨を主として作家作品や食べ物も扱い、展覧会やワークショップ等も開催している［Kit］では、ハタノワタルさんが手漉きした風合い豊かな柿渋の和紙も販売。ハタノワタルさんは、800年の伝統を誇る京都府の指定無形文化遺産、黒谷和紙の産地の綾部・黒谷で紙漉き師の修業をし、自分で漉いた紙で絵画をはじめ、たまごのカードと木版画の封筒やぽち袋、便箋、和紙を貼った筆箱や名刺入れ等の箱等の文具も作り出す。黒谷和紙の伝統を守り続けてアーティストとしても注目されている。各250円

ふんわり封筒とメッセージリング
鈴木松風堂

明治26年(1893)創業の紙雑貨の老舗[鈴木松風堂]には、アイデアに溢れた文具が並ぶ。これはレース状の上品なラッピング袋と、リングに連なるメッセージカードのセット。鴨川の千鳥が愛らしくかたどられていて、このセットがあればメッセージ付きの贈り物をすぐ包装することができる。袋3枚・メッセージリング3枚入500円

ラッピングバッグ
＊字路雑貨店

明治の町家と昭和の家を改装した島原の建物の中にオープンした[＊字路雑貨店]では、様々な作家による文具がそろう。店主のますたにあやこさんが手がけるラッピングバッグは、送られた相手が手を加えて楽しむことができて、贈る人ももらう人もうれしいアイデアがいっぱい。だるまには目やメッセージをかくことができ、食パンにつけられたジャム部分はメッセージカードになっていて取り外すことができる。他にマスキングテープ作家・田村美紀さんの一筆箋等も秀逸。上から、だるま200円、食パン240円(税込)

loule ペーパー 六曜社　恵文社一乗寺店

個性的な本や雑貨が集う[恵文社一乗寺店]には、京都の作家による作品や京都らしい文具も並ぶ。これは、全国的にも名高い京都の喫茶店[六曜社]で人気のドーナツ、コーヒー豆、マッチをレトロな配色でモダンにデザインしたペーパー。甲斐みのりさんが主宰して紙等も手がけている[loule]によって作り出されたもので、1つだけかじった状態のドーナツが配されているのも食欲をそそり、喫茶店への郷愁や憧れがかきたてられる。ラッピングに用いるとコラージュのデザインがまた異なったおしゃれな表情を見せ、折りやすい紙質だからブックカバーにもぴったり。各1枚 計3枚入300円

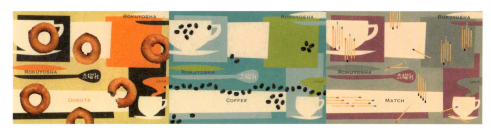

紙 各種　楽紙舘

明治45年(1912)創業の[上村紙株式会社]が手がける[楽紙舘]は京都文化博物館内に店を構え、様々な紙を取りそろえていて、紙の博物館さながら。京都ならではの伝統的な紙も多様にそろい、オリジナルの和紙も生み出している。「王朝のそめいろ」(右上：1枚800円)は手漉きの楮紙を手もみし、平安時代に始まる伝統的な日本色で1枚ずつ染めたもの。他にも、職人技で手間暇かけて作られる京都の黒谷和紙かな料紙(左：1枚 薄口200円・厚口220円)や、透かし柄で水流を表した京都の紙、室町千代紙、能千代紙等、多様な風合いや昔のおしゃれな柄の紙がずらりと並び、1枚から買うことができる。

seal

猪口のシール
昴 -KYOTO-(39頁参照)
各1000円

和紙テープ
尚雅堂(51頁等参照)
友禅和紙テープ2枚入(同柄)、民芸和紙
テープ2枚入(色違い)　各200円

にっぽんシール
鈴木松風堂(66頁等参照)
300円

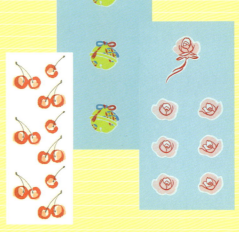

シール
嵩山堂はし本(13頁等参照)
左から、さくらんぼ2シート18枚入450円、
鈴2シート6枚入350円、バラ2シート14枚入350円

ととのえる

古布柄ちりめん粘着テープ、ちりめんあそびシール きもの、
Subikiawa.シール
紙匠ぱぴえ（16頁等参照）
左から、25ミリ幅300円、10枚入350円、金色の箔入 甘菓子200円

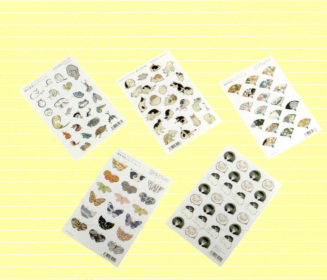

シール各種
芸艸堂（23頁等参照）
左上から時計回りに、鍬形蕙斎コレクション1、歌川広重「猫」、
琳派模様コレクション1、中村芳中「仔犬」、神坂雪佳コレクション1
各3シート入900円

納札シール
京都版画館 版元 まつ九
（15頁等参照）
2枚入190円

159

仏像シール
平岩（46頁等参照）
左から、ダンス・日常・スケジュール・
ピンク・ネイビー 各200円

シール各種
福井朝日堂（35頁等参照）
左から、能楽8枚入350円、12枚入200円、百人一首12枚入300円、
趣味の文香シール3枚入300円、彫金転写シール4枚入350円

ととのえる

和紙シール、シーリングワックスシール
ROKKAKU(14頁等参照)　左から、162円、162円、390円(税込)

シールをはってもいいですか？（絵本『りゅうがあります』のオリジナルグッズ「ヨシタケシンスケのぶんぐがあります」シリーズ）
PHP研究所　7柄×5枚 35枚入380円

源氏歌かるたシール
大石天狗堂
16枚1シート120円

シール
平等院ミュージアム鳳翔館
ミュージアムショップ
(110頁等参照)
200円(税込)

京の彩蒔絵(蒔絵シール)
堀金箔粉株式会社(112頁等参照)
左から、菖蒲、二条城キジ 各560円

wrapping

がま口アップリケ
AYANOKOJI(140頁等参照)
各200円〜(リボン・ボーダー・ドット・国旗・イニシャルがあり)

圧着ワッペン だるま
kitekite(80頁等参照)
700円(ねこ・きつね・てんぐ・だるまがあり)

JYUNINステッカー、CHIBISステッカー
京都精華大学kara-S(59頁等参照)
各324円

和片(ワッペン)
京東都(103頁等参照；河童、木魚は白い部分が蓄光糸のため暗闇で光る)

三猿 850円

五山の送り火 900円

花笠衆2 380円

河童 380円

木魚 380円

着せ綿 380円

祇園祭螳螂山3 1500円

ととのえる

なんでもとんぼせんせいステッカー
うんとこスタジオ（45頁参照）
300円

ワンコイン・ステッカー
たにざわ（理容院）　各93円

竹虎図
（尾形光琳：京都国立博物館所蔵、京都国立博物館文化大使　井浦新監修）
650円

やすらい祭牛祭図屏風　魔多羅神
（浮田一惠：細見美術館所蔵、公認・監修）
500円

かぐや姫
600円

カイゼル（扇）ひげ
300円

はなびら餅
300円

京筍
300円

金魚玉図
（神坂雪佳：細見美術館所蔵、公認・監修）
500円

フタイロベニタケ
450円

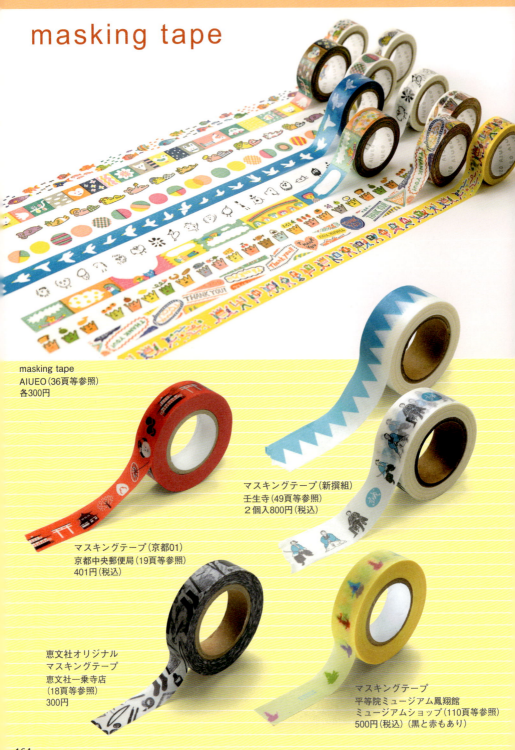

ととのえる

和のマスキングテープ
こけし・京風景
くろちく
各300円（京飴・和菓子・舞妓等10柄あり）

[BOX&NEEDLE]には
マスキングテープ用の貼箱
「MT TAPE BOX -single-」
（2200円）も。

藤工房×きくちいま
和裁マスキングテープ
仕立の店 藤工房　324円

仏像ロールふせん
平岩（46頁等参照）　上から、ピンク・ブルー　各450円

仏像マスキングテープ
平岩（46頁等参照）　上から、ピンク・ブルー・ホワイト　各430円

165

fusen

チャート式復刻版 嘆き編 ふせん
数研出版（58頁等参照）
556円（喜び編、トーラスの付箋もあり）

中原淳一 女の子ふせん「Pattern」
紙匠ぱぴえ（16頁等参照）
20枚×2柄入300円（「花しおり」もあり）

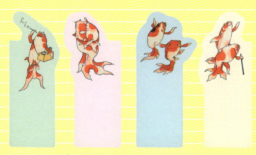

ポストイット「金魚づくし」歌川国芳筆（東京国立博物館蔵）
美術はがきギャラリー 京都 便利堂（13頁等参照）
20枚綴×4柄入500円

東寺曼荼羅 ふせん
東寺（41頁等参照）　4柄入300円

外山康雄 折々の花たち 粘着メモ
紙匠ぱぴえ（16頁等参照）　20枚綴300円

ふせん 女の子（絵本『りゅうがあります』オリジナルグッズの「ヨシタケシンスケのぶんぐがあります」シリーズ）
PHP研究所　20枚綴×3柄入380円

ととのえる

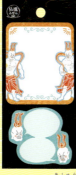

仏像ダイカットふせん 左から、阿修羅・阿吽・大仏・観音
平岩（46頁等参照） 各20枚綴×2柄入350円

哲学のふせん
三澤水希
50枚綴×2個入343円

付箋
平等院ミュージアム鳳翔館
ミュージアムショップ（110頁等参照）
300円（税込）

SAVE KYOTO 付箋（京都国立博物館文化財保護基金グッズ）
京都国立博物館ミュージアムショップ（94頁等参照）
20枚綴×4柄入300円

付箋
壬生寺（49頁等参照） 500円（税込）

オリジナルペン付き付箋
龍谷ミュージアム ミュージアムカフェ・ショップ（19頁等参照）
7色ケース入380円

bookmark

にほひ袋 しおり（並香）
石黒香舗（100頁参照）　350円

ひろせべに しおり
恵文社一乗寺店（18頁等参照）　各297円

読書記録しおり ワタシ文庫
Beahouse（143頁等参照）
ネイビー・グリーン・ピンク 各450円

\wrapping

白檀製 しおり
山田松香木店（32頁等参照）
200円（紐色とりまぜの3枚入もあり）

しおり
壬生寺（49頁等参照）
500円（税込）

純銀製千鳥しおり
かざりや 鐐
2500円（白・黒・茶・水色の革製しおり紐から選ぶ）

花だより栞
ROKKAKU（14頁等参照）
あき・ふゆ 各2枚入432円（税込）

ととのえる

しおり
美術はがきギャラリー 京都 便利堂(13頁等参照)
左から、透明付箋「鳥獣人物戯画」(京都・高山寺蔵)しおり
「てっさい堂コレクション うさぎ」「てっさい堂コレクション 鶴」
480円、150円、150円

しおり
鈴木松風堂
(15頁等参照)
400円

しおり
下鴨神社
300円(税込)

loule×恵文社 しおりセット
恵文社一乗寺店(65頁等参照)
4枚入500円

トロッコブックマーカー
トロッコ嵯峨駅ショップ　650円(税込)
(紅葉の柄もあり)

枝折-壱
ウラグノ(28頁等参照)
4柄各1枚入1セット300円

しおり 長刀鉾
菰軒
(84頁等参照)
1000円(残部僅少)

つづれ織栞
京都デザインハウス
(40頁等参照)
500円

ことは 栞(源氏香柄)
薫玉堂
(26頁等参照)
300円

しおり 濃い色、雲中ブックマーカー
平等院ミュージアム鳳翔館 ミュージアムショップ
(110頁等参照)
左から、5枚入250円(パステルの
しおりもあり)、笙を持つ南21号
菩薩500円(税込)

wrapping

しおり
龍村美術織物
唐花雙鳥長斑錦500円

アトリエfunfun 文香
きゃろっとたうん(100頁等参照)
600円〜

しおり
CASAne(34頁等参照)
各150円

イニシャルブックマーク レザー
メスダ ヌ キヤド(37頁等参照)
2750円

ととのえる

しおり
龍安寺（19頁等参照）　6枚入320円（税込）

しおり 紙製「坂本龍馬」
幕末維新ミュージアム 霊山歴史館　5枚組310円（税込）
（土方歳三・京に青春をかけた男たち（幕末5人衆）もあり）

江戸戯画のしおり
竹笹堂（18頁等参照）
［竹笹堂］が復刻した京都国
際マンガミュージアム所蔵
「大新版文字画姿 後編」
600円

職人の手で作られた［kitekite］（80頁等参照）の「刺繍ブレスレット」
は、本に挟んでブックマークのように使っても素敵。だるま・きつ
ね・とりい・ねこの柄もそろう。てんぐ1280円

clip & cutting goods

象の竹しおり　象彦

寛文元年(1661)創業の京漆匠［象彦］のオリジナル文具。艶やかな漆器と共に並ぶこのクリップは、象の丸い形や癒しの表情に思わず笑みがこぼれそう。形のかわいさ、塗の優しい色味と自然な竹の筋の風合いが融合しておしゃれなクリップに仕上げられていて、竹ならではの丈夫さとしなやかさが生かされている。ナチュラル・ピンク・ブルーがあり、そろえて使うのも愛らしい。各1000円

TRAVELER'S FACTORY×KEIBUNSHA　ブラスクリップ
恵文社一乗寺店

「本にまつわるあれこれのセレクトショップ」である［恵文社一乗寺店］では、本まわりの文具も選りすぐりのものがそろう。［恵文社］オリジナルの文具も誕生し、トラベラーズノート等の文具や旅の本を扱う［TRAVELER'S FACTORY］とのコラボレーションによる文具も作られた。そのうちのクリップは、開いた本がデザインされていてまさに恵文社らしいデザイン。本やノートに懐かしい味わいを添えてくれて、ブックマークの他、インデックスとしても使うことができるのがうれしい。［TRAVELER'S FACTORY］とのコラボレーション文具にはペンケースやブラスペンシルもそろう。3個入440円

マグくりっぷ
鈴木松風堂

明治26年(1893)に創業、京都ならではの技術やストーリーを大切にしている紙雑貨の老舗［鈴木松風堂］にはありとあらゆる紙製品がそろう。京友禅の技法を和紙に応用し、1枚1枚、手染め・手洗いで作られた色鮮やかな型染紙で多数の文具も制作。愛らしい文様の型染紙が素朴で美しい和の情感を醸し出し、ブックマークやクリップとして使う他、マグネットになっていてメモ等を貼り付けることができるのも便利。2個入600円

アートクリップ
平等院ミュージアム鳳翔館 ミュージアムショップ

世界遺産・平等院の国宝、鳳凰堂屋根上を飾る鳳凰の飛び立つ姿と、堂内長押上の小壁にかけられている木造雲中供養菩薩像（国宝；天喜元年(1053)作）をクリップにあしらったもの。宝相華のセットもそろい、優美な文様が書類や本に彩りを添えてくれる。雲中供養菩薩・鳳凰 2個入300円(税込)

刃-mono　COS KYOTO×竹上

［COS KYOTO］では、日本の文化素材・技術・人を融合して京都でリデザインされた製品が生み出されている。これは京都の包丁の伝統技と同様に鋼を鍛造して、美しく研ぎ上げられた本格的なナイフ。ペーパーナイフとしてはもちろん、カッターナイフ等にも用いることができる形と切れ味で、手縫いで仕立てられた本革のケースも深い色味が趣深く、机上にレトロな文具の雰囲気を添えてくれる。18360円(税込)

book jacket

京都では、様々な分野の店から斬新なブックカバーが多数生み出されている。それらは、[TOYOBO]の新素材・折れるポリエステルを用いる[裏具]や、編み出された特殊な技法と蝋引き加工のパラフィンキャンバスを使用する[京都GARAGE SIDE BAG]等、素材や造りにも店それぞれの特長を生かした個性が現れていて、使い勝手や手触り、デザインにと工夫が凝らされた逸品ぞろい。広げた時の表情も美しく他の用途にも用いることができたり、本のサイズに合わせて調整ができたり……京都ならではの自在な「包む」文化が現代的に変容しながらも受け継がれていく。

龍村美術織物
花鳥段文錦
3000円

京東都
左から、霧雨、花
各2000円

京都GARAGE SIDE BAG
文庫本サイズ
（左は[y.y.williams]）各1800円

ウラグノ
左から、オリエステル サギスケ 350円、
布 トカカゲ 2000円。

kitekite
和傘柄1600円（たけのこ、いしころ、ねこの柄もあり）

京都デニム
文庫本ブックカバー
5000円（柄は変更あり）

ととのえる

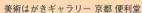

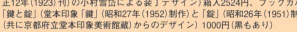

美術はがきギャラリー 京都 便利堂
文庫本サイズ　左から、ブックカバー「龍峰集」(泉鏡花の短編集「龍峰集」(大正12年(1923)刊)の小村雪岱による装丁デザイン)箱入2524円、ブックカバー「鍵と錠」(堂本印象「鍵」(昭和27年(1952)制作)と「錠」(昭和26年(1951)制作)(共に京都府立堂本印象美術館蔵)からのデザイン) 1000円(黒もあり)

竹笹堂
左から、北斎漫画 まわし1000円、春の空800円、マカロン1600円、折り紙かぶと1600円

カランコロン京都
文庫本サイズ1500円

伴戸商店
900円(税込)

幕末維新ミュージアム 霊山歴史館
土方歳三ブックカバー(文庫本サイズ) 820円(税込)

平成28年(2016)1月にオープンした[京都岡崎 蔦屋書店]にも京都の文具が並ぶ。ロゴをドットの集合に粒子化した、原研哉さんのデザインによる蔦屋書店のブックカバーも必見。

AIUEO
帆布ブックカバー
2300円

京の黒染屋 家紋工房 柊屋新七
戦国魂×柊屋新七 コラボレーショングッズ
「黒グッズ」戦国武将ブックカバー（文庫）
2300円（新書サイズもあり）

紙匠ぱぴえ
Subikiawa. ブックカバー
1100円

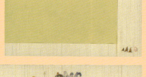

和詩倶楽部
室町紗紙 書包み（室町紗紙ブックカバー） 百鬼夜行
700円

芸艸堂
伊藤若冲 木版摺ブックカバー（原画：「玄圃瑤華」「素絢帖」、彫師：馬場紗絵子、摺師：松崎浩繁・下井雄也）文庫サイズ1800円（未草・大豆・藤豆の柄もあり）

Beahouse

文房具クリエイターの阿部ダイキさんが立ち上げた一人文具メーカー[Beahouse]では、こんな文具がほしかったと感動させられるアイデア文具が次々と生み出されている。中でも、「立つノートカバー」はその画期的な発想に驚嘆。メモをパソコンに入力する時等に目線の高さが同じになって見やすく、姿勢も悪くならない。試行錯誤の上、薄い樹脂シートを多角的に折り曲げて、軽くて丈夫な脚部分が完成。譜面立てやレシピ立てとしても使うことができる。ペンホルダーや、厚い紙でも押さえることができるページおさえまでついていて、180度にしっかりと開き、作業のスピードがあがることまちがいなし。
文庫からＡ５判の厚い上製本や辞書までカバーすることができる「フリーサイズブックカバー」はブックカバー

ととのえる

椿-tsubaki labo-KYOTO
koha*ブックカバー 左から、菊花・セラドン（トープもあり）、松虫草・グリーン、松虫草・ノワール 各2200円

Kit
ハタノワタルの手漉き
ブックカバー1500円

数研出版
文庫カバー
（フィボナッチ）
1000円

を本に合わせて買い換える必要がなくなって便利。薄いマジックファスナーを用い、縦と横の大きさを本に合わせて変えるしくみになっていて、ノーホルマリン加工だから肌にも優しい。レザーでもコットンでもないレザリッシュのタイプはその風合いも手触りがやみつきになりそう。A5判からA4判の本をカバーすることができるめずらしい「フリーサイズマガジンカバー」も、表紙を隠したい雑誌や大切なノートのカバーとして重宝する。
左頁：立つノートカバーB6判1680円（A5・B5判もあり）、右頁：左から、フリーサイズマガジンカバー各1900円、フリーサイズブックカバー各1500円、フリーサイズブックカバーレザリッシュ各1800円

5. たしなむ

左頁：楽紙舘、THE WRITING SHOP、和詩倶楽部、カランコロン京都、嵩山堂はし本、ROKKAKU、BOX&NEEDLE、アンジェ、恵文社一乗寺店、KIRA KARACHO、やま京、翠草堂、京都活版印刷所、AYANOKOJI、CASAne 右頁：辻徳

paper goods

扇面本切継、歌もの短冊　書芸サロン 賛交

昭和42年(1967)創業の書画用品専門店[書芸サロン 賛交]は書をたしなむ方や文具愛好家に人気を博し、著名な書家の御用達の文具の名店。紙、墨、硯、筆、文房玩具他、初心者から愛好家に親しまれる商品がずらりと並び、心地よいひと時が過ごせる店である。日本古来の王朝継紙や歌もの短冊は平安時代の雅やかな趣が漂い、仮名の美の世界が堪能できる。古軸の修復から、書画作品を軸や額、屏風に仕立ててもらうこともできる。左から、扇面本切継(小)各1200円、歌もの短冊 各5枚入3250円、各5枚入1120円

京友禅紙 姫巻物、携帯 写経セット
尚雅堂

昭和39年(1964)に創業した和文具の専門店[尚雅堂]では、色紙や短冊、巻物等、日本ならではの伝統的な和文具も作り続けている。昔ながらのスタイルの姫巻物は12.4×44センチの紙面で、お祝い等の手紙にも手軽に使いやすく、絵を添えても風情があって喜ばれそう。12柄がそろい、由緒ある吉祥文様も楽しむことができる。写経セットは書道具セットとしても使うことができて、軽くて持ち運びやすくまとめられているので旅先等でも書道の練習や手紙をしたためるのに便利で、書道をたしなまれている方に贈るのにもふさわしい。「姫巻物」各650円、「阿吽 御写経 書道具セット」書道具バック・上巻き(用紙・下敷き入れ)写経用紙5枚・筆・墨・硯・文鎮・写経下敷き 箱入8200円

絵手紙お稽古帳　山本富美堂

明治5年(1872)創業の[山本富美堂]は、書道用品の他、絵手紙や巻紙等、手紙にまつわる文具の品ぞろえが充実している。上質な和紙を綴ったはがきサイズのお稽古帳は、絵手紙の練習にぴったり。他にも、水墨画お稽古帳、かな用色紙箋等の書道用練習紙、絵手紙用のミニ扇子や絵馬や羽子板の形の変わり絵手紙用紙、両面書道用紙を用いたはがき箋「御葉書帖」等、書や絵をたしなむ人に喜ばれる文具が勢ぞろい。25枚綴180円

たしなむ

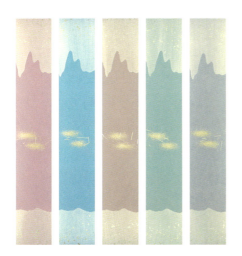
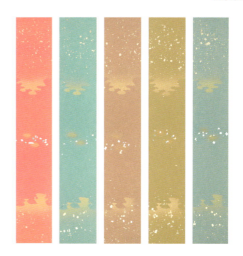

［竹又 中川竹材店］との
コラボレーションによる
［SOU・SOU］の掛物は、
四季折々の手ぬぐいと合
わせて、お軸のように楽
しめる。

kaishi

古くから茶道の文化が親しまれてきた京都では、懐紙専門店をはじめ様々な紙製品の店で多種の懐紙が作り出されている。現代的なデザインやユニークな形のものも生まれていて、[辻徳]では、敷居の高いイメージの懐紙を茶道だけではなく日々の暮らしで用いることができるように、日常での多様な懐紙の用い方、折り方等を提案。色々な活用術を知れば、茶道で用いるものと思い込んでいた懐紙が一気に身近なものとなって、自在に姿を変える文具としての使い勝手のよさも実感させてくれる。

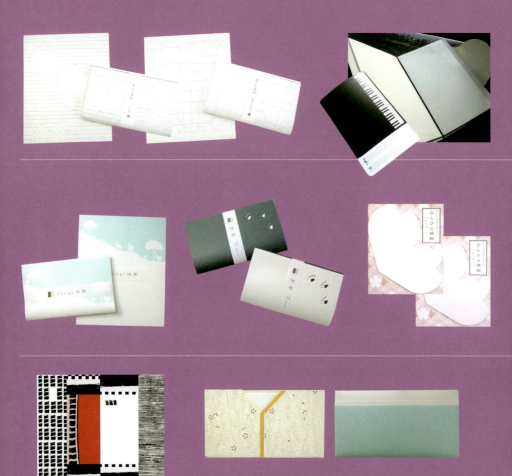

辻徳　大正の初めから紙に関わってきた懐紙専門店[辻徳]の懐紙は、懐紙の概念を覆す現代的なデザインのものがそろう。紙を透かして見たときにあらわれるおぼろげな文様に禅の美が感じられる漉入れ懐紙等は、敷く・書く・拭く・包むといった日常の様々な場面で多様に用いることができ、その自在さ、使いやすさに京都の紙文化の奥深さが感じられる。言葉を添えたりぽち袋として使ったり茶道のみならず日常の様々な場面で多様に用いたくなり、使い方を発見するのも楽しい。名刺等を包むことができる「まめ懐紙」、折紙のように絵柄を利用して様々な形を作ることができる「折り懐紙」、箸づかいを学ぶことができる「おさかな懐紙」等、1枚の紙からラッピングやアート、教育のツールへと懐紙の世界が繰り広げられる。他に「りぼん懐紙」等もそろい、さらに紙の糸を用いたアクセサリーのブランド[sihu]の懐紙入れも誕生し、懐紙の使い方や折り方を掲載した冊子も発売。

たしなむ

「sihu 紙布
の懐紙入れ」
小10000円、
大12000円

「懐紙のいろは」
A6判10頁・
懐紙5枚付300円

上段：左から、KENJI FUKUSHIMA DESIGN「漉入れ懐紙 石庭・みやこみち」20枚＋無地懐紙10枚入400円（大判サイズもあり）、「kaishiピアノ」10枚入500円、「kaishi 祝カラーシリーズ」各20枚入ケース付750円
中段：左から、「zizai懐紙 イラスト入り懐紙 アルパカ」20枚入400円、「zizai懐紙 型抜き懐紙 あしあと」型抜き懐紙10枚・黒懐紙10枚入400円、「ひとひら懐紙 さくら」25枚入500円（白色・ハートもあり）、「まめ懐紙 さくら」懐紙10枚・シール5片入・ケース入250円、「まめ懐紙 まめ袋 カラーシリーズ」袋懐紙 大2枚・小3枚・シール5片・3つ折ケース入300円、小笠原流礼法宗家 師範・後藤菱敦先生考案「おさかな懐紙」懐紙5枚・骨シール5片入350円
下段：左から、「折り懐紙 コンサート」抹茶入り懐紙10枚入300円、「折形懐紙入れ AWASE 流水・HUTAE浅葱」各20枚入800円

KIRA KARACHO　左から、九曜紋・影牡丹唐草 各30枚入756円（税込）
（他に、南蛮七宝・天平大雲もあり）

和詩倶楽部　左から、千鳥（青）・鈴なり・彩市松・しばた部長 各30枚入400円

ぴょんぴょん堂　左から、御茶懐紙 立雛（2色刷）20枚入800円、四方染紙 舞妓・干支猿・三猿

紙匠ぱぴえ　左から、かはゆし懐紙 ちょうちょ30枚入350円
（他に、うさぎ・ことり・ねこがあり）、「みよしの」懐紙35枚
×5枚入500円

シーグ社出版株式会社　木版画絵懐紙
御所車(牛車のうち) 30枚入400円

鈴木松風堂
砂文 懐紙入れ30枚入2000円

たしなむ

龍安寺　15枚入650円（税込）

大覚寺　左から、野兎図・牡丹図　各20枚入417円

京かえら　花菱ケース懐紙600円

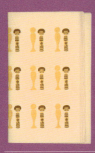

各20枚入600円、京懐紙　もちばな10枚入1000円、型抜紙(小)　千鳥25枚入600円

恵文社一乗寺店
関美穂子　こけし懐紙
18枚入400円

SOU・SOU　SOU・SOUテキスタイル懐紙　爛漫・梅林・雲間　各20枚入600円

こんな風に折れば
ぽち袋や箸入れに変身

芸艸堂　懐紙　18枚入1200円

paperweight

古くから書の文化が盛んだった京都では、優れた書道用品も育まれ、書道をたしなむ人には欠かせない文鎮も様々な店で趣向を凝らして作られている。それらは、書道のみならず、メモ等の文具を押さえるペーパーウェイトとしても使うことができて、机上に風格を添えてくれるすぐれもの。天保9年(1838)創業の錫器・銀器・銅器の老舗[清課堂]のペーパーウェイトや、地震学を専門とする元京都大学総長・尾池和夫教授が手ひねりで作ったナマズを雛形にした文鎮、禅宗の寺院の文鎮等、個性あふれるペーパーウェイト・文鎮が見つかる。

清課堂
銅ペンギンペーパーウェイト
8000円

ぱんてら
瓢箪ペーパーウェイト　3500円

＊字路雑貨店
一坪公園 ペーパーウェイト
omori ブランコ（松井松子 作）
3600円

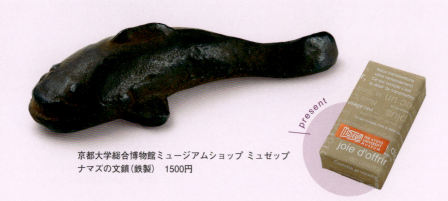

京都大学総合博物館ミュージアムショップ ミュゼップ
ナマズの文鎮（鉄製）　1500円

present

たしなむ

龍安寺
石庭　1000円（税込）

平等院ミュージアム鳳翔館
ミュージアムショップ（110頁等参照）
鳳凰堂内部の扉止（国宝）の形
1500円（税込）（紫の紐もあり）

公長齋小菅
上から時計回りに、
手付きペーパーウェイト 白竹、
やたら編ペーパーウェイト 茶・白竹
各3600円

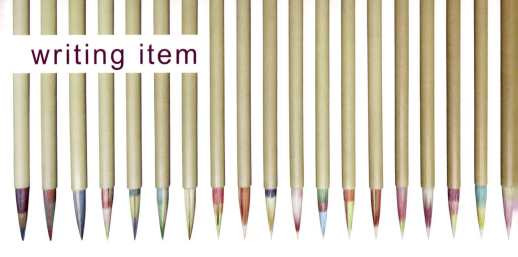

writing item

景雲堂

古くから、武者小路実篤や谷崎潤一郎等の名だたる文豪や、京都に生まれ日本最後の文人と謳われた富岡鉄斎、京都派・京都画壇と称された日本画家等に愛され、育まれてきた京都の書道用具や絵筆。江戸時代後期に創業した老舗では今もなお、伝統に培われた職人技によって銘筆やその他の書道用品を生み出し続け、現代の職人に貴重な技術が受け継がれている。狸・馬・羊・鼬等、用いる動物の毛や配合によって多様な毛質の筆が作られていて、書道や絵画を創作する際に必要なかき味に応じて、豊富な品ぞろえの中から色々と選び使い分けることができるのがうれしい。
とりわけ、毎年1月に宮中で開かれる歌会の御題から連想される色を毛に染めつけ、筆管にその御題を刻み込んだ「御題筆」は、鮮やかな色彩と1本1本手作業で染めるこまやかな技が光る。平成28年(2016)は、御題の「人」から連想して、まさに人を思わせるような配色が毛筆に施され、毎年、表現が限られた穂先の小さな面積に凝縮される意匠の発想やセンスが見事。年による表現法の違いが筆のかき味と共に目を楽しませてくれ、毎年、年末が近づくと御題がどのような筆に仕上げられるか待ちどおしくなりそう。

香雪軒　左から、御題筆１本1400円（11月半ば〜正月頃限定・値上げあり）、紅筆1300円、たま毛2400円、丹頂1300円、白梅8000円、芙蓉（小）3500円、嵐山3200円、長鋒宿紫毫６号2100円、７連筆7500円
景雲堂　左から、純艶毛書 中1600円、二号巴面相 小1120円、黄軸判下950円
中津筆工房　左から、貂毛書1810円、金泥書（黒毛）1900円、長鋒艶面相（中）1600円

清課堂
錫鎚目水滴　17000円

書芸サロン 賛交
墨 三十六歌仙墨 小野小町　12000円

内藤商店　左から、白絵刷毛10号
850円、夏毛刷込５号1050円、片
羽刷毛１号500円（税込）

drawing item

［京都活版印刷所］には家庭で活版印刷ができるレタープレスコンボキットや独自開発の活版インキが、京版画の技術を120余年受け継いできた［竹中木版］が展開する［竹笹堂］には自分で木版画を始めることができるセット等がそろい、京都の文具にまつわる店は使うだけでなく作る楽しみも教えてくれる。

CAPPAN STUDIO オリジナル・PANTONE®活版インキ　京都活版印刷所　全31色 各1250円〜

京都・竹笹堂監修 はじめての木版画セット
竹笹堂　16種箱入8500円(竹笹堂監修 ホルベイン画材株式会社 製造)

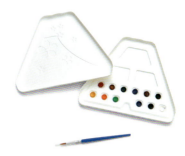

富士山絵手紙パレット
鈴木松風堂　450円

古くから京都で活躍する画家達を支えてきた、優れた絵の具等の画材と画材店。京都には、今もなお昔ながらの技法で天然の鉱物を原料として絵の具を作り続ける貴重な店があり、全国的にも名を馳せ、絵を描く人達には欠かせない名品がそろう。明治時代初期から京都の画家達に愛されてきた老舗［彩雲堂］では、顔料に固着剤を加えて仕上げた絵の具や京筆師の家形一雄さんの京筆を販売。絵の具には、角容器に入れた顔彩と、お坊さんが托鉢で持つ鉄鉢に似ていることから名付けられた丸皿のものがあり、見た目の美しさもさることながら、水で溶かすと奥深い日本独特の色が現れて驚嘆させられる。さらに、京都には正徳元年(1711)創業の金箔の老舗［堀金箔粉株式会社］、日本絵の具の胡粉で知られる宝暦元年(1751)創業の老舗［上羽繪惣］といったそれぞれの分野の店もあり、老舗の良質の画材は日本画等の創作だけでなく絵手紙を描く時にも重宝する。

金ラメ粉　堀金箔粉株式会社
500円

白狐印 水飛胡粉 飛切　上羽繪惣
150g箱入2000円

鉄鉢顔彩　彩雲堂　鉄鉢1色500円〜（12色箱入8000円）

角顔彩　彩雲堂　1色250円〜（左から、16色箱入4100円、12色箱入3200円、8色箱入2400円、6色箱入2000円）

日本で唯一のソフトパステル専門メーカーの「ゴンドラパステル」も京都から生まれた。90年の歴史を持ち、今も［王冠化学工業所］で1本1本、手作業で作り続けられ、242色もの色が生み出されている。さらに、第2回京都文化ベンチャーコンペティション・文化ビジネスアイディア部門において最優秀賞を受賞した井上友希子さんの「豊かな彩りの中から感情を表現できる子に！〜京色で未来を描こう」というアイデアから、京都らしい色名が付けられた「京色パステル」も誕生。命名のセンスが光り、季節折々の京都の趣がパステルに凝縮され、1本のパステルから京都の風景が浮かび上がるかのよう。パステルの使い方を知らない人達にも京色パステルが入り口となって、京都の情景になぞらえた和の色を通して色への興味も促し、ひいては京都への関心も引き寄せ文化継承ができれば、という思いが詰まっている。

京色パステル
王冠化学工業所
2100円

たしなむ

京博パステル
京都国立博物館ミュージアムショップ
（京都国立博物館文化財保護基金グッズ）
1600円

ゴンドラパステル36色セット
王冠化学工業所
4000円

王冠化学工業所

INDEX

あ行

AIUEO 京都北山店　京都市北区上賀茂桜井町104エデン北山1F AIUEO　tel.075-706-6077　11:00〜19:30　水休
　　　　　　　　36, 59, 60, 75, 105, 110, 121, 128, 164, 176　map 23
浅井長楽園　http://www.yoshihiro.asai.name/chourakuentop.html　100, 101, 114, 115, 135
AYANOKOJI 岡崎本店　京都市左京区岡崎南御所町40-15　tel.075-751-0545　10:00〜18:00　不定休　113, 140, 147, 148, 162, 178
　　　　　　　　map 8
アンジェ　京都市中京区河原町三条上ル西側　tel.075-213-1800　11:00〜21:00　無休　75, 92, 178　map 1
幾岡屋　京都市東山区祇園町南側577-2　tel.075-561-8087　11:30〜19:00　木休　114, 115, 124, 125　map 1
井澤屋　京都市東山区四条通大和大路西入中之町211-2　tel.075-525-0130　11:00〜20:00　無休(年末年始・2月と8月に連休あり)
　　　　　　　　90, 133　map 1
石黒香舗　京都市中京区三条通柳馬場西入桝屋町72　tel.075-221-1781　10:00〜19:00　水休(祝日の場合は営業)　100, 101, 168
　　　　　　　　map 1
市比賣神社　京都市下京区河原町五条下ル一筋目西入　tel.075-361-2775　受付9:00〜16:30　無休　89　map 11
イドラ　京都市中京区三条通富小路角 SACRA BLD. 3F　tel.075-213-4876　11:00〜18:30　火休　巻頭, 33　map 1
イノブン　京都市下京区四条通河原町西入御旅町26　tel.075-221-0854　11:00〜21:00　無休(棚卸等で臨時休業あり)　72　map 1
IREMONYA　京都市中京区二条通高倉西入松屋町51　tel.075-256-5652　11:00〜19:00　木休　129, 141　map 1
井和井　京都市中京区新京極通四条上ル中之町556　tel.075-221-0314　10:30〜21:00(土日祝10:00〜)　147　map 1
石清水八幡宮　京都府八幡市八幡高坊30　tel.075-981-3001　無休　88, 95　map 16
上羽繪惣　京都市下京区東洞院通高辻下ル燈籠町579　tel.075-351-0693　9:00〜17:00　土日祝休　巻頭, 192　map 1
植柳まちづくりプロジェクトチーム　本願寺門前町の店5〜6店舗と門前町「いちろく市」(毎月16日開催)で販売　55, 67
宇治上神社　宇治市宇治山田59　tel.0774-21-4634　9:00〜16:30　無休　89　map 15
宇治神社　宇治市宇治山田1　tel.0774-21-3041　受付9:00〜17:00　無休　89　map 15
裏具　京都市東山区宮川筋4丁目297　tel.075-551-1357　12:00〜18:00　月休(祝日の場合翌日)　巻頭, 15, 28, 29, 62, 82, 112, 113, 154
　　　　　　　　map 1
ウラグノ　京都市東山区塩小路通大和大路東入三丁目本瓦町672番地　tel.075-744-6540　11:00〜17:00　月〜金休(祝日の場合は営業)
　　　　　　　　巻頭, 28, 138, 139, 169, 176　map 14
芸艸堂　京都市中京区寺町通二条南入妙満寺前町459番　tel.075-231-3613　9:00〜17:30　土日祝休
　　　　　　　　22, 23, 40, 41, 49, 60, 72, 81, 104, 116, 117, 120, 133, 159, 176, 185, 巻末　map 1
うんとこスタジオ　京都市北区等持院西町32-11　13:00〜19:00　月〜金休(臨時休業あり)　巻頭, 45, 118, 163　map 22
NPO法人 スウィング　http://www.swing-npo.com/　tel.075-712-7930　142
王冠化学工業所　http://www.gondola-pastel.com/　tel.075-561-4007　巻頭, 194, 195, 196
大石天狗堂　京都市伏見区両替町2丁目350番地-1　tel.075-603-8688　9:00〜18:00(土10:00〜17:00)　日祝休　161　map 17
岡重　京都市中京区烏丸通蛸薬師下ル手洗水町647 トキワビル3-C　tel.075-221-3502　9:00〜17:30　土日祝休　50　map 1
十八番屋 花花　京都市中京区寺町通夷川上ル東側　tel.075-251-8585　11:00〜17:00(日曜〜18:00)　水休(祝日の場合は木休)
　　　　　　　　巻頭, 65, 112, 113, 120, 136, 137, 巻末　map 1
おはりばこ　京都市北区紫野門前町17　tel.075-495-0119　11:00〜18:00　水・第3火休(年末年始・夏季休業あり)　91　map 26

か行

化学同人　http://www.kagakudojin.co.jp/　tel.075-352-3373　9:00〜17:20　土日祝休　91, 131
カクカメ　京都市右京区宇多野北ノ院町14　tel.075-462-7008　12:00〜17:00(日曜は教室のみ13:00〜16:00)　月〜木休　86, 87, 142
　　　　　　　　map 19
CASAne　京都市北区紫野東藤ノ森町11-1 藤森寮内　tel.090-6758-6395　11:00〜16:30　木休　34, 41, 67, 111, 170, 178　map 26
かざりや 鐐　京都市中京区押小路通麩屋町西入橘町621　tel.075-231-3658　10:00〜18:00(土日祝〜17:00)　お盆・年末年始休　168
かつらぎ　京都市中京区河原町通六角下ル山崎町241　tel.075-221-2015　10:30〜21:30　年中無休(元旦のみ休業)　135　map 1
紙司 柿本　京都市中京区寺町通二条上ル　tel.075-211-3481　9:00〜18:00　不定休
　　　　　　　　10, 11, 39, 63, 72, 73, 78, 79, 102, 103, 112, 113, 129, 135, 156　map 1
紙匠ぱぴえ　京都市中京区河原町通夷川上ル指物町322　tel.075-253-0640　13:30〜17:30　土日祝休
　　　　　　　　8, 16, 17, 24, 25, 33, 42, 43, 84, 85, 94, 112, 121, 133, 159, 166, 176, 184, 巻末　map 1
かみ添　京都市北区紫野東藤ノ森町11-1　tel.075-432-8555　11:00〜18:00　月休　14, 33　map 26
ガラス工房 炎　京都市左京区北白川東伊織町左京区北白川東伊織町26-2　tel.075-723-1300　9:00〜18:00(電話受付〜17:30)　不定休
　　　　　　　　巻頭, 54　map 27
カランコロン京都　京都市下京区四条通小橋西入真町83-1　tel.075-253-5535　10:30〜20:30　不定休　16, 175, 178　map 1
河政印房　京都市中京区丸太町通釜座東入梅屋町175-1 井川ビル1F　tel.075-241-3311　10:00〜20:00(土13:00〜17:00)　日祝休
　　　　　　　　56　map 1

197

| 北野天満宮 | 京都市上京区馬喰町　tel.075-461-0005　5:30〜17:30　無休　88　map 20 |

kit 京都市上京区信富町299　tel.075-744-6936　11:30〜19:00　無(年末年始を除く)　156, 177　map 5

kitekite 京都市中京区柳馬場通六角上ル槌屋町95　tel.075-744-6301　10:00〜19:00　不定休　巻頭, 60, 80, 84, 142, 162, 171, 174, 巻末　map 1

GALLERY & SHOP 唐船屋　京都市左京区東大路通仁王門下ル東門前町505番地　tel.075-761-1167
　　　　　　　　9:00〜18:00(第1土〜17:00、第2・4土、日祝11:30〜17:00)　不定休　42, 43, 108, 109, 126, 135　map 8

ギャラリーH₂O　京都市中京区富小路通三条上ル福長町109　tel.075-213-3783　12:00〜19:00　月休　40, 66　map 1

ギャラリー高野　京都市左京区鹿ケ谷法然院町14　tel.075-771-0302　11:00〜16:00(季節により異なる)　不定休
　　　　　　　48, 49, 72, 73, 108, 109　map 9

ギャラリー遊形　京都市中京区姉大東町551　tel.075-257-6880　10:00〜19:00　不定休　17, 32, 39, 42, 43, 101　map 1

きゃろっとたうん　京都市上京区一真町67　14:00〜19:00　水木他休　33, 100, 101, 170　map 3

鳩居堂　京都市中京区寺町姉小路上ル下本能寺前町520　tel.075-231-0510　10:00〜18:00(12/31は〜17:00)
　　　　日休(祝日、祭日は営業)(臨時休業あり)　10, 11, 24, 36, 40, 41, 51, 60, 64, 72, 73, 83, 93, 104, 105, 112, 113, 128, 巻末　map 1

京かえる　京都市中京区富小路通蛸薬師東入油屋町140番地　tel.075-223-2980　11:00〜19:00　水休　巻頭, 40, 41, 106, 107, 185

京指物資料館　京都市中京区夷川通堺町西入絹屋町129番地　宮崎平安堂ビル2F　tel.075-222-8221　10:00〜17:00
　　　　　　水・夏季・年末年始休　135　map 1

京大ショップ　京都市左京区吉田本町36番地1　tel.075-753-7630　10:00〜17:00(土11:00〜15:00、日祝11:00〜14:00)
　　　　　　46, 47, 119, 132　map 28

京都インバン　京都市中京区新町通四条上ル小結棚町443　tel.075-221-5601　9:00〜18:00(土9:00〜16:00)　第2・4土、日祝休
　　　　　　巻頭, 57　map 1

京東都 本店　京都市東山区星野町93-28　tel.075-531-3155　11:00〜18:00　不定休　巻頭, 103, 112, 126, 162, 163, 174　map 10

京都岡崎 蔦屋書店　京都市左京区岡崎最勝寺町13 ロームシアター京都パークプラザ1階　tel.075-754-0008　8:00〜22:00　無休(近
　　　　　　　　隣の催し物等による休業あり)　136, 175　map 8

京都活版印刷所　京都市伏見区深草稲荷中之町38-2　tel.075-645-8881　15:00〜19:00　火木日休　68, 69, 124, 125, 154, 178, 201
　　　　　　　map 18

京都GARAGE SIDE BAG　京都市中京区榎木町87河二ガレージビル1F　tel.075-746-4411　10:00〜19:00　火休　174　map 1

京都国立近代美術館ミュージアム　　京都市左京区岡崎円勝寺町　tel.075-761-4111　9:30〜17:00　月休(月曜日が休日に当たる場合は
ショップ アールプリュ　　　　　　翌日が休館)・年末年始休・展示替期間の休館(2016年5月30〜31日、7月25〜26日、9月20〜21日、
　　　　　　　　　　　　　　　　12月12〜13日)(開館時間、休館日は臨時に変更する場合あり)　24, 25, 111, 120, 133　map 8

京都国立博物館ミュージアムショップ　京都市東山区茶屋町527　tel.075-551-2369　9:30〜17:00(特別展開催時〜18:00、金曜日のみ
　　　　　　　　　　　　　　　　　〜20:00)　月休(祝日・休日となる場合は営業し翌火曜日休業)　94, 121, 167, 195　map 14

京都 漆芸舎平安堂　京都市北区紫野門前町14　tel.075-334-5012　10:00〜18:00　水休　146, 147　map 26

京都しるく　京都市中京区御幸町通伊勢屋町341-1　tel.075-241-0014　11:00〜18:30　無休(年末年始休)　70　map 1

京都水族館ミュージアムショップ　京都市下京区観喜寺町35-1(梅小路公園内)　tel.075-354-3130(11:00〜18:00)※水族館は10:00〜18:00
　　　　　　　　　　　　　　　無休(臨時休業あり)　55, 71, 73, 95, 119, 130, 155　map 11

京都精華大学kara-S　京都市下京区烏丸通四条下ル水銀屋町620 COCON KARASUMA 3F　tel.075-352-0844　11:00〜20:00
　　　　　　　　　無休(年末年始、COCON KARASUMA 休館日に準じる)　59, 110, 111, 127, 137, 162　map 1

京都セルロイド　京都市下京区岩上通高辻下ル吉文字町446　tel.075-351-4115　9:00〜16:00　土日祝休　52　map 6

京都大学総合博物館ミュージアムショップ ミュゼップ　京都市左京区吉田本町　tel.075-751-7300　9:30〜16:30(入館〜16:00)
　　　　　　　　　　　　　　　　　　　　　　　月火・12/28〜1/4休　55, 74, 132, 186　map 28

京都中央郵便局　京都市下京区東塩小路町843-12　tel.075-365-2471　9:00〜21:00(土日祝〜19:00)　無休　巻頭, 19, 25, 47, 164
　　　　　　　map 11

京都デザインハウス　京都市中京区福長町105 俄ビル1F(富小路三条上ル)　tel.075-221-0200　11:00〜20:00　年末年始・棚卸日休
　　　　　　　　　40, 41, 54, 110, 111, 148, 169　map 1

京都デニム　京都市下京区小稲荷町79-3-104　tel.075-352-1053　9:00〜20:00　無休(年末年始・お盆営業)　174　map 11

京都版画館 版元 まつ八　京都市左京区聖護院蓮華蔵町33　tel.075-761-0374　10:00〜16:00　日祝休　15, 37, 44, 45, 159　map 5

京都文化博物館 ミュージアムショップ 京都 便利堂　京都市中京区三条高倉　tel.075-212-3931　10:00〜19:30　月休(祝日・休日とな
　　　　　　　　　　　　　　　　　　　　　　　る場合は営業し翌火曜日休業)　150　map 1

京の黒染屋 家紋工房 柊屋新七　京都市中京区西洞院通三条下ル柳水町75　tel.075-221-4759　9:00〜17:00　土日祝休　176　map 7

KIRA KARACHO　京都市下京区烏丸通四条下ル水銀屋町620 COCON KARASUMA 1階　tel.075-353-5885　11:00〜19:00　火休
　　　　　　　巻頭, 20, 21, 30, 48, 74, 104, 122, 178, 184　map 1

くろちく　京都市中京区新町通錦小路上ル百足屋町380　tel.075-256-5000　10:00〜18:00　1/1〜3休　165　map 1

薫玉堂　京都市下京区西中筋通花屋町下ル堺町101　tel.0120-710-162　9:00〜17:30　第1・3日・年末年始休　26, 99, 169　map 11

羣青　京都市上京区新町通中立売下ル仕丁町329　tel.075-441-7508　12:00〜19:00　木休(臨時休業あり)　138, 139, 147　map 2

景雲堂　京都市中京区竹屋町通堺町西入和久屋町104　tel.075-231-5604　9:00〜18:00　土日祝休　188, 189　map 1

恵文社一乗寺店　京都市左京区一乗寺払殿町10　tel.075-711-5919　10:00〜21:00(年末年始を除く)　元日休
　　18, 44, 45, 55, 61, 65, 75, 95, 105, 111, 126, 157, 164, 168, 169, 172, 178, 185　map 27

建仁寺　京都市東山区大和大路通四条下ル小松町584　tel.075-561-6363　3/1〜10/31は10:00〜16:30(17:00閉門)・11/1〜2/28は
　　10:00〜16:00(16:30閉門)　12/28〜31休　88, 89　map 1

昂 -KYOTO-　京都市東山区祇園町南側581ZEN2F　tel.075-525-0805　12:00〜18:00　月火休(不定休あり)　14, 33, 39, 158　map 1

香老舗 松栄堂　京都市中京区烏丸通二条上ル東側　tel.075-212-5590　9:00〜19:00(土〜18:00、日祝〜17:00)　無休　31, 100, 101
　　map 1

香雪軒　京都市中京区二条通河原町東入樋之口町474　tel.075-231-1695　10:00〜19:00　不定休　巻頭, 188, 189　map 1

公長齋小菅　京都市中京区三条通富小路東入中島町74 ロイヤルパークホテル ザ 京都1F　tel.075-221-8687　10:00〜20:00　無休
　　52, 187　map 1

護王神社　京都市上京区烏丸通下長者町下ル桜鶴円町385　tel.075-441-5458　9:00〜17:00　無休　88　map 2

菰軒　京都府京都市東山区渋谷通本町東入4丁目鐘鋳町405番地　tel.075-531-6582　10:00〜17:00　土日休　84, 151, 169　map 14

ここかしこ　http://kokokashiko.jp/　tel.0766-20-0360　141

COS KYOTO　京都市北区紫野上柏野町10-1COS101ビル　tel.075-202-8886　13:00〜18:00　不定休　12, 173　map 20

COCHAE　http://www.cochae.com/　120

コトリ設計事務所　京都市上京区寺町通広小路下ル東桜町50　tel.075-708-2207　13:00〜18:00　水日祝休　75　map 3

comado　京都市右京区龍安寺五反田町15　shop@comado.jp　営業時間・営業日はHP参照(http://comado.jp/)
　　129, 136, 146, 147, 156　map 19

さ行

西院春日神社　京都市右京区西院春日町61　tel.075-312-0474　9:00〜18:00　無休　88　map 4

彩雲堂　京都市中京区姉小路通麩屋町東入姉大東町552　tel.fax.075-221-2464　9:30〜18:00　水休　192, 193　map 1

THE WRITING SHOP　京都市中京区蛸薬師通富小路東入油屋町141　tel.075-211-4332　13:00〜18:00　水休
　　14, 34, 35, 124, 125, 178　map 1

シーグ社出版株式会社　http://ippitusen.ocnk.net/　tel.075-561-3117　土日祝休　22, 23, 46, 47, 184

仕立ての店 藤工房　京都市中京区六角町室町東入　tel.075-212-0732　9:00〜17:00　日祝休・土不定休　巻頭, 165　map 1

下鴨神社(賀茂御祖神社)　京都市左京区下鴨泉川町59　tel.075-781-0010　6:30〜17:00　無休　149, 169　map 25

聚落社　http://jyuraku-sha.jimdo.com/　tel.075-821-3255　104, 110, 126, 145

尚雅堂　http://www.shogado.co.jp/　tel.075-881-8488　9:00〜17:00　土日祝休
　　巻頭, 51, 60, 78, 79, 82, 86, 87, 102, 103, 110, 121, 134, 142, 143, 158, 180, 181

書芸サロン 賛　京都市中京区二条通河原町西入北側榎木町79　tel.075-222-0390　10:00〜19:00　無休　180, 181, 190　map 1

白峯神宮　京都市上京区今出川堀川東入飛鳥井261　tel.075-441-3810　8:00〜17:00　無休　88　map 2

＊字路雑貨店　京都市下京区突抜2丁目357itonowa2F3号室　13:00〜20:00(土日祝:11:00〜18:00)　巻頭, 75, 120, 157, 186　map 11

新京極商店街(問い合わせは新京極商店街振興組合)　京都市中京区新京極蛸薬師下ル東側門町507れんげビル3F　tel.075-223-2426
　　10:00〜17:00　土日祝休　86, 87　map 1

神泉苑　京都市中京区御池通神泉苑東入門前町166　tel.075-821-1466　8:30〜20:00　無休　89　map 7

翠草堂　京都市下京区河原町通五条上ル西側　tel.075-361-0557　9:00〜19:00　日祝休　巻頭, 56, 178　map 1

数研出版　京都市中京区烏丸通竹屋町上ル大倉町205番地　tel.075-231-0162　9:00〜17:00　土日祝休　58, 64, 70, 130, 166, 177
　　map 1

嵩山堂はし本　京都市中京区六角通麩屋町東入　tel.075-223-0347　10:00〜18:00　お盆・お正月休
　　12, 13, 27, 35, 39, 50, 51, 66, 84, 85, 100, 103, 114, 115, 126, 134, 158, 178　map 1

スーベニール京都　京都市東山区祇園町南側577-1　tel.075-551-5355　10:30〜20:30　不定休　149　map 1

鈴木松風堂　京都市中京区柳馬場六角下ル井筒屋町409・410　tel.075-231-5003　10:00〜19:00　年末年始休
　　15, 53, 66, 79, 86, 87, 102, 103, 109, 120, 136, 137, 157, 158, 169, 173, 184, 191　map 1

清課堂　京都市中京区寺町通り二条下ル妙満寺前町462　tel.075-231-3661　10:00〜18:00　1/1〜3休　186, 190　map 1

青幻舎　http://www.seigensha.com/　43

清浄華院　京都市上京区寺町通広小路上ル北之辺町395　tel.075-231-2550　9:00〜17:00　無休　131　map 3

晴明神社　京都市上京区堀川通一条上ル晴明町806　tel.075-441-6460　9:00〜18:00　無休　88　map 2

セレクトショップ 京　京都市東山区三十三間堂廻リ644番地2ハイアット リージェンシー 京都 ロビー内　tel.075-541-3206
　　8:30〜18:00　無休　30, 31, 160　map 14

SOU・SOU伊勢木綿　京都市中京区新京極通四条上ル二筋目東入二軒目P-91ビル1F　tel.075-212-9324　11:00〜20:00　無休　181
　　map 1

SOU・SOU在釜　京都市中京区新京極通四条上ル二筋目東入二軒目P-91ビル B1F　tel.075-212-0604　12:00〜20:00(19:00L.O.)
　　無休　185　map 1

SOU・SOU足袋　京都市中京区新京極通四条上ル中之町583-2　tel.075-212-8005　11:00〜20:00　無休
　　19, 29, 73, 84, 102, 103, 126, 128, 145　map 1

象彦 京都寺町本店　京都市中京区寺町通二条上ル西側要法寺前町719-1　tel.075-229-6625　10:00～18:00　臨時休業あり
22, 23, 72, 73, 149, 172　map 1

SOHYA TAS　京都市中京区三条通烏丸西入御倉町80番地　千總ビル2F　tel.075-221-3133　9:30～18:00　臨時休業あり
63, 102, 103　map 1

た行

第一紙行　http://www.lifedesign.co.jp/　tel.075-253-0800　巻頭, 152, 153

大覚寺　京都市右京区嵯峨大沢町4　tel.075-871-0071　9:00～17:00(受付～16:30)　無休　26, 50, 88, 104, 105, 131, 185　map 21

タカトモハンコ　京都市下京区五条高倉角堺町21番地Jimukino-Ueda bldg. 604　tel.075-708-3410　11:00～18:00　月～金休(祝日は営業)　58, 59, 110, 111　map 11

竹笹堂　京都市下京区新釜座町737　tel.075-353-8585　11:00～18:00　日祝休（臨時営業あり）
18, 28, 30, 38, 114, 115, 126, 137, 144, 171, 175, 191　map 1

竹又 中川竹材店　京都市中京区 御幸町通二条上ル達磨町610　tel.075-231-3968　9:00～18:00(要予約)　日祝休　140, 181　map 1

龍村美術織物　http://www.tatsumura.co.jp/　tel.075-211-5002　9:00～17:30　土日祝休　170, 174　map 1

たにざわ　京都市中京区室町通三条下ル烏帽子屋町477　tel.075-211-1011　9:00～19:00(日～18:00)　月・祝休、第2・3月火連休
巻頭, 163　map 1

田丸印房 新京極店　京都市中京区新京極通四条上ル中之町537　tel.075-221-2496　10:00～20:00　木休　56, 57　map 1

田丸印房 寺町店　京都市中京区寺町通三条上ル天性寺前町522番地　tel.075-231-0965　10:00～18:00　無休　56, 57　map 1

辻徳　京都市下京区堀川通り四条下ル四条堀川町271　tel.075-841-0765　11:00～18:00　日休　巻頭, 81, 179, 182, 183　map 6

椿-tsubaki labo-kyoto　京都市中京区御倉町79文椿ビルヂング1階　tel.075-231-5858　11:00～20:00　火休
巻頭, 40, 41, 87, 119, 146, 177

東急ハンズ京都店　京都市下京区四条烏丸東入長刀鉾町27番地　tel.075-254-3109　10:00～20:30　無休　53　map 1

東寺　京都市南区九条町1　tel.075-691-3325　4/18～9/19は～18:00(9/20～3/19は～16:30、3/20～4/17は～17:00)　無休
41, 88, 120, 132, 151, 166　map 12

東福寺　京都市東山区本町15丁目778　tel.075-561-0087　9:00～16:00(11～12月初旬は8:30～16:00、12月初旬～3月末は9:00～15:30)　無休　89　map 18

とらや 京都一条店　京都市上京区烏丸通一条角広橋殿町415　tel.075-441-3111　9:00～19:00(土日祝～18:00)　不定休　28, 155
map 2

鳥居　http://www.atarashiki-mono-kyoto.com/　7月22日までONO*春夏の企画展にて販売　http://ono-space.com/　105

トロッコ嵯峨駅ショップ　京都市右京区嵯峨天龍寺車道町　tel.075-861-7444　無休　169　map 21

な行

内藤商店　京都市中京区三条大橋西詰北側　tel.075-221-3018　9:30～19:30　年始休・不定休　190　map 1

中津筆工房　京都市左京区大原草生町158-2　tel.075-744-2134　9:00～18:00　不定休　189　map 24

西村吉象堂　京都市中京区三条通柳馬場東入中之町11　tel.075-221-3955　9:00～20:00　不定休　31, 102, 103, 110, 111　map 1

仁和寺　京都市右京区御室大内33　tel.075-461-1155　9:00～17:00(12～2月は～16:30)　無休　89　map 19

のレン 祇園店　京都市東山区祇園町南側582　tel.075-551-9388　10:30～21:30　無休　84, 85, 126, 143　map 1

は行

幕末維新ミュージアム 霊山歴史館　京都市東山区清閑寺霊山町1　tel.075-531-3773　10:00～17:30　月休(祝日開館、翌日休館)
171, 175　map 10

箱藤商店　京都市下京区堀川五条下柿本580-8　tel.075-351-0232　9:00～18:00（土曜日は10:00～）　日祝休　126, 138, 139, 142, 144
map 11

Happy Bisycle　京都市東山区八坂上町368-2　tel.075-541-1660　10:00～18:00　不定休　151　map 10

ばんてら　京都市中京区寺町通二条下ル妙満寺前町464番地　tel.075-223-3883　11:00～18:00　不定休　57, 186　map 1

伴戸商店　京都市上京区堀川通今出川南入　tel.075-431-3101　9:00～17:30　日、第2・3土休　142, 148, 175　map 2

PHP研究所　http://shop.php.co.jp/php/index.html　160, 161, 166

美術はがきギャラリー 京都 便利堂　京都市中京区富小路三条上ル西側　tel.075-253-0625　10:30～19:30　水休
13, 46, 47, 48, 49, 52, 53, 58, 62, 84, 85, 114, 115, 123, 132, 150, 166, 169, 175　map 1

日の出湯　京都市南区西九条唐橋町26-6　tel.075-691-1464　16:00～23:00　木休　46　map 12

平等院ミュージアム鳳翔館 ミュージアムショップ　宇治市宇治蓮華116　tel.0774-21-2861　9:00～17:00　無休
110, 120, 133, 161, 164, 167, 170, 173, 187　map 15

ぴょんぴょん堂　京都市中京区寺町通四条上ル京極一番街　tel.075-231-0704　11:00～19:00　無休　96, 108, 109, 113, 125, 184, 185
map 1

平岩　http://hiraiwa3.com/　tel.075-222-1041　9:00～17:30　土日祝休(直接販売不可)
巻頭, 46, 47, 57, 67, 116, 117, 160, 161, 165, 167

福井朝日堂　京都市中京区三条通麩屋町東入弁慶石町40番地　tel.075-231-8291　8:45～17:30　日祝・月2回土休(不定休)
巻頭, 35, 85, 93, 108, 109, 160　map 1

店名	住所	電話	営業時間	定休日	掲載ページ	
プティ・タ・プティ	京都市中京区寺町通夷川上ル藤木町32	tel.075-746-5921	11:00～18:00	木休	17, 46, 47, 49, 84, 85, 90	map 1
文學堂	http://www.bungakudo.com	tel.075-744-0230			巻頭, 80, 94	
Beahouse	http://www.bea-house.com	tel.075-176-1177				
平安神宮	京都市左京区岡崎西天王町97	tel.075-761-0221	6:00～17:00	無休	89	map 8
BOX&NEEDLE	京都市下京区五条通高倉角堺町21番地 Jimukinoueda bldg.3F-303	tel.075-748-1036	13:00～18:00(土日祝12:00～19:00)	水休	巻頭, 38, 84, 128, 141, 150, 165, 178	map 11
ぼっちり	京都市東山区祇園北側254-1	tel.075-531-7778	10:30～20:30	不定休	149	map 1
堀金箔粉株式会社	京都市中京区御幸町通御池下ル大文字町356	tel.075-231-5357	8:45～17:00	土日祝休	54, 112, 113, 132, 161, 192	map 1
BOLTS HARDWARE STORE	https://bolts-hardwarestore.com/				140, 141	
本のアトリエAMU	京都市左京区吉田中阿達町13-5	tel.090-8140-2608(要電話)			巻頭, 83	map 3
本能寺	京都市中京区寺町通御池下ル下本能寺前町522	tel.075-231-5335	9:00～17:00	無休	89	map 1

ま行

店名	住所	電話	営業時間	定休日	掲載ページ	
三澤水希	http://missan330.tumblr.com/				巻頭, 167	
水引館	京都市東山区五条橋東6丁目506 チサンマンション605号	http://www.mizuhikiya.com/	tel.075-541-5847	10:00～17:00 土日祝・第3木休	102, 103	map 14
みすや忠兵衛	京都市下京区松原通東洞院東入本燈籠町20	tel.075-365-0795	10:00～17:00	土日祝休	134	map 1
光村推古書院	http://www.mitsumura-suiko.co.jp/				86, 87, 92	
壬生寺	京都市中京区壬生梛ノ宮町31	tel.075-841-3381		無休	巻頭, 48, 49, 164, 167, 168	map 6
都産紙	京都市中京区三条通富小路東入中之町29	tel.075-221-3233	9:00～17:00	土日祝休	113	map 1
宮脇賣扇庵	京都市中京区六角通富小路東入大黒町80-3	tel.075-221-0181	9:00～18:00(夏季～19:00)	年末年始休	10	map 1
妙心寺	京都市右京区花園妙心寺町1	tel.075-461-5226	9:10～16:40(11～2月は～15:40)	無休	88, 89	map 22
妙蓮寺	京都市上京区寺之内通大宮東入妙蓮寺前町875	tel.075-451-3527	10:00～16:00	水・年末年始休	27	map 26
ムスビメ	京都市上京区紙屋川町1038-23 1F	tel.075-406-1369	11:00～17:00(日～19:00)	火土休・不定休	110, 111, 118	map 20
メスダ ヌ キヤド	http://www.kyad.jp/				巻頭, 37, 39, 73, 170	
文字道	http://www.mojido.com/				154	

や行

店名	住所	電話	営業時間	定休日	掲載ページ	
やま京	京都市東山区大和大路四条下ル大和町2	tel.075-561-0172	10:00～19:00	水休	85, 124, 178	map 1
山崎書店	京都市左京区岡崎円勝寺町91-18	tel.075-762-0249	10:00～18:00	月休	11, 113	map 8
山田松香木店	京都市上京区勘解由小路町164(室町通下立売上ル)	tel.075-441-1123	10:00～17:30	年末年始休	32, 98, 99, 168	map 2
山本富美堂	京都市中京区富小路通四条上ル西大文字町612-1	tel.075-591-1290	10:00～16:30	水・日祝休	43, 84, 85, 118, 121, 180, 181, 巻末	map 1
柚子星堂	京都市左京区一乗寺樋ノ口町8-2	tel.075-204-3955	10:00～19:00	土日祝休	18, 38, 73, 81, 116	map 27
弓月	京都市上京区上七軒701	tel.075-467-8778	10:00～18:00	水休(25日・祝日の場合は翌日に振替)	53, 143	map 20

ら行

店名	住所	電話	営業時間	定休日	掲載ページ	
楽紙館	京都市中京区三条高倉 京都文化博物館1F	tel.075-251-0078	10:00～19:00	月休(祝日の場合は翌日)	巻頭, 44, 60, 74, 84, 85, 110, 111, 112, 119, 122, 123, 126, 134, 142, 157, 178	map 1
lleno	京都市中京区山伏山町536(室町蛸薬師西南角)	tel.075-221-4660	12:00～19:00	木・第1水休	巻頭, 26, 27, 44, 45, 60, 71, 72, 76, 77, 90, 91, 134	map 1
りてん堂	京都市左京区一乗寺里ノ西町95	tel.075-202-9701	10:00～18:00	日祝・不定休	巻頭, 29, 45, 114	map 27
Rim	京都市中京区鍛冶屋町377-1	tel.075-708-8685	13:00～18:00	月・水休	146, 147	map 1
龍谷ミュージアム ミュージアムカフェ・ショップ	京都市下京区西中筋通正面下る丸屋町117	tel.075-708-5889	10:00～17:00 月休(祝日は開館・翌日は閉館、その他ミュージアムの定める日)		19, 72, 73, 167	map 11
龍安寺	京都市右京区龍安寺御陵ノ下町13	tel.075-463-1036	8:00～17:00(12/1～2月末日は8:30～16:30)	無休	19, 131, 171, 185, 187	map 19
廬山寺	京都市上京区寺町通り広小路上ル北之辺町397	tel.075-231-0355	9:00～16:00	年末年始・12/31、1/1、2/1～2/9休	27, 89	map 3
ROKKAKU	京都市中京区六角通堺町東入堀ノ上町109番地サクライカードビル1F	tel.075-221-6280	11:00～19:00	水・年末年始休	巻頭, 14, 15, 32, 35, 38, 48, 49, 108, 109, 122, 123, 161, 168, 178	map 1

わ行

店名	住所	電話	営業時間	定休日	掲載ページ	
和工房包結	http://mizuhiki-houyou.jp/	tel.075-343-2313			97, 102, 116	
和詩倶楽部	京都市東山区高台寺下河原町530洛市ねね内	tel.075-231-4577	10:00～17:00	不定休	9, 12, 13, 42, 43, 85, 103, 116, 117, 176, 178, 184, 185	map 10
和紙来歩	京都市南区上鳥羽角田町52	tel.075-681-9123	9:00～17:00	土日祝・夏季・年末年始休	121	map 13

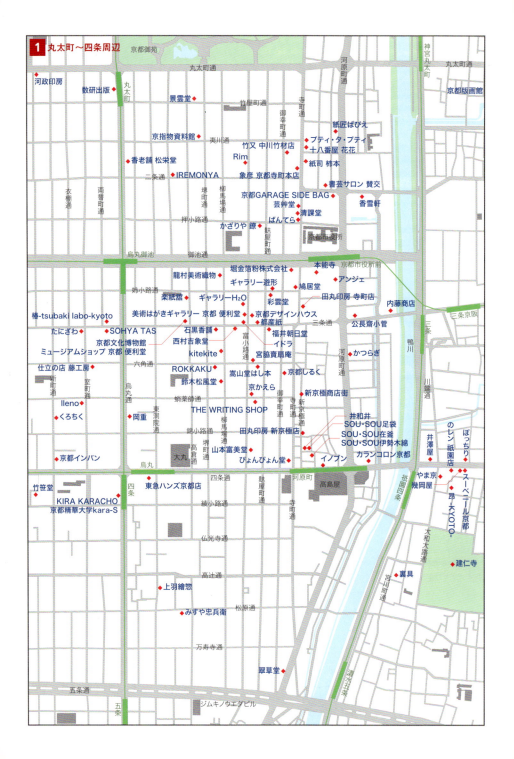

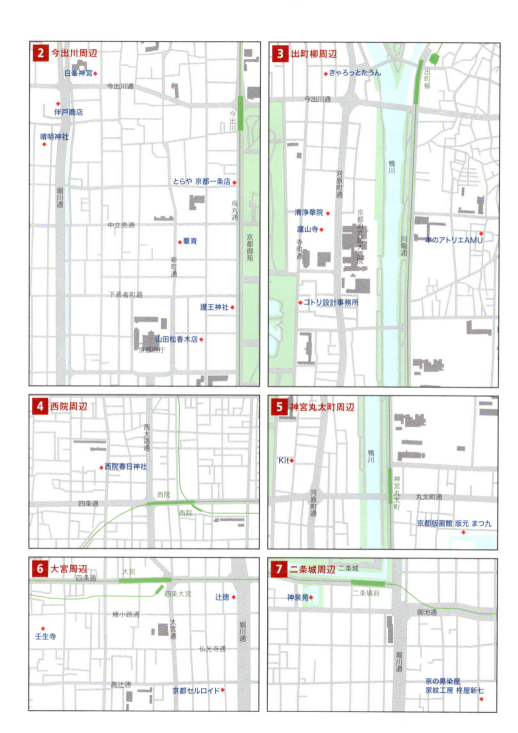

9 鹿ケ谷周辺

8 岡崎周辺

10 高台寺周辺

11 五条〜京都駅周辺

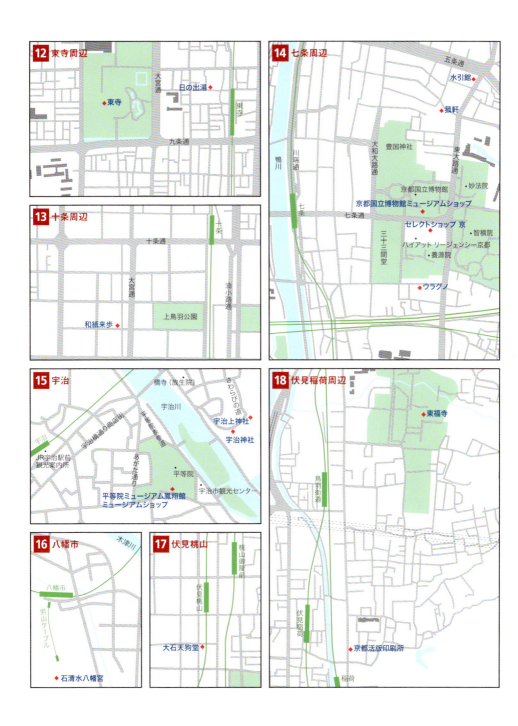

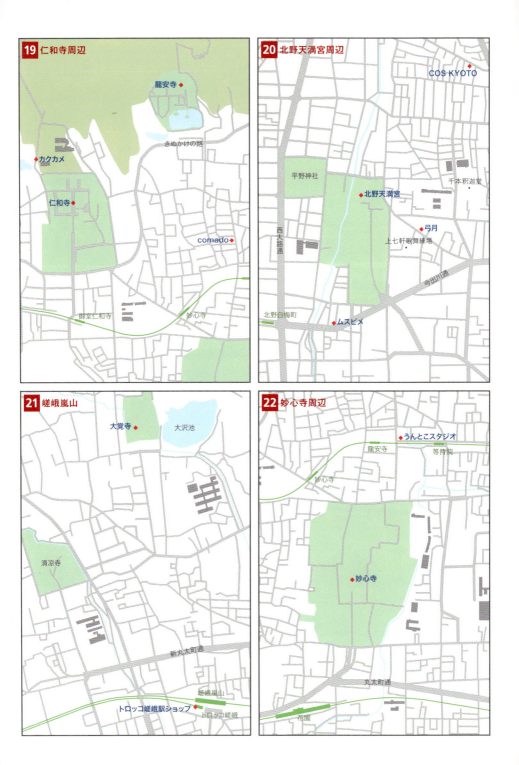

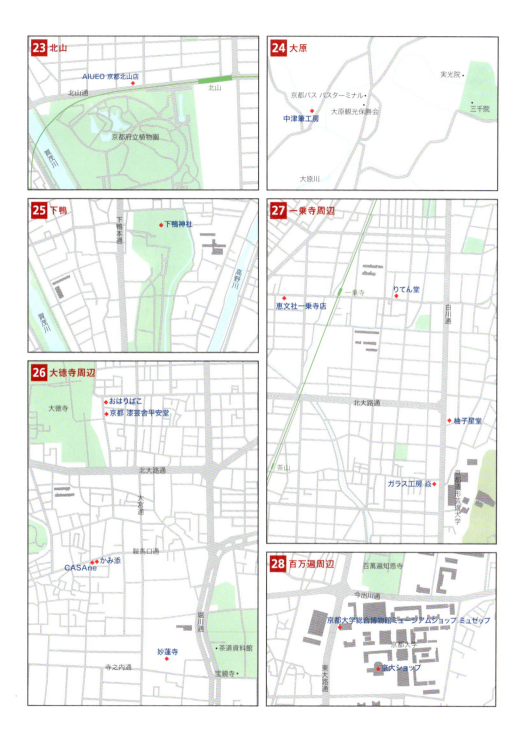

写真提供・協力

AIUEO
あたらしきもの京都
AYANOKOJI
IREMONYA
上羽繪惣
裏具
NPO法人 スウィング
カクカメ
京かえら
京指物資料館
京都インバン
京都活版印刷所
京都烏丸六七堂
京都水族館ミュージアムショップ
京都セルロイド
京都デザインハウス
香老舗 松栄堂
ここかしこ
COS KYOTO
尚雅堂
＊字路雑貨店

嵩山堂はし本
末吉真弓
第一紙行
田丸印房
たやまりこ（p.18、p.137、p.175雪の日、春の空、マカロン、折り紙かぶと）
辻徳
椿-tsubaki labo-KYOTO
中津筆工房
のレン
林 宏樹
Beahouse
平等院ミュージアム鳳翔館 ミュージアムショップ
平岩
BOLTS HARDWARE STORE
メスダ ヌ キヤド
ホルベイン画材株式会社
和詩倶楽部
渡部 巌
佐藤 紅

デザイン：松田聡子（ニューカラー写真印刷）
進行：中村磨澄（ニューカラー写真印刷）
印刷：濱岡賢次、橘 隆之（ニューカラー写真印刷）

京都文具大全

2016年7月21日　初版1刷発行

編　著　佐藤 紅
発行者　浅野泰弘
発行所　光村推古書院
　　　　〒604-8257
　　　　京都市中京区堀川通三条下ル橋浦町217-2
　　　　TEL 075-251-2888　FAX 075-251-2881
　　　　http://www.mitsumura-suiko.co.jp

印　刷　ニューカラー写真印刷株式会社

ⒸSATO Kurenai　Printed in Japan
ISBN978-4-8381-0534-2

上から、芸艸堂、山本富美堂、十八番屋 花花、紙匠ぱぴえ、kitekite、鳩居堂の包装紙